AF250134

LA
PETITE VÉNERIE

OU

LA CHASSE AU CHIEN COURANT

PAR

ADOLPHE D'HOUDETOT

AVEC QUARANTE DESSINS D'HORACE VERNET

PARIS

ÉMILE NOURRY, ÉDITEUR

LIBRAIRIE CYNÉGÉTIQUE

62, RUE DES ÉCOLES, 62

M DCCCC XXX

LES MAITRES DE LA VÉNERIE

VIII

LA

PETITE VÉNERIE

PAR

ADOLPHE D'HOUDETOT

LE RENDEZ-VOUS DE CHASSE

LA
PETITE VÉNERIE

OU

LA CHASSE AU CHIEN COURANT

PAR

ADOLPHE D'HOUDETOT

AUTEUR DU « CHASSEUR RUSTIQUE »

AVEC QUARANTE DESSINS D'HORACE VERNET

PARIS

ÉMILE NOURRY, ÉDITEUR

LIBRAIRIE CYNÉGÉTIQUE

62, RUE DES ÉCOLES, 62

—

M DCCCC XXX

A VICTOR MASSÉNA

*Les soldats ont baptisé ton père du titre d'Enfant chéri de
la Victoire!... Tous ceux qui te connaissent t'ont surnommé
le Bienfaiteur des malheureux; la Charité et la Gloire!...
Deux gloires!... l'une devant les hommes, l'autre devant Dieu.*

Adolphe D'Houdetot.

AVANT-PROPOS

Écrire un nouveau livre de chasse, élémentaire ou autre, sans répéter ce que les grands maîtres ont dit, ce serait en quelque sorte mettre le mensonge à la place de la vérité.

Les auteurs anciens, les classiques (car nous ne sommes tout au plus que les romantiques), ne se croyaient en droit de traiter une science qu'après cinquante ans d'étude et de pratique, et encore ne le faisaient-ils qu'avec la plus grande circonspection. Charles IX, d'Yauville, et tant d'autres que je pourrais citer, ont écrit des volumes rien que sur les déduits de la chasse du cerf.

Or nos pères, fait incontestable, étant déjà nos maîtres dans l'art de la vénerie, de quelle supériorité ne devaient donc pas être doués ces veneurs exceptionnels qui enseignaient à d'autres veneurs, supérieurs eux-mêmes !

Si encore la petite vénerie se pratiquait à l'aide de principes nouveaux ; si elle différait de la grande autrement que par l'absence du décor, du bruit, de l'appareil, peut-être pourrions-nous échapper à la condamnation ; mais il n'en est rien… et les modernes seraient réduits à l'abstention la mieux motivée, si les œuvres des anciens ne laissaient pas quelque chose à désirer, non quant au fond, mais quant à la forme… Si, dis-je, la rareté et l'élévation du prix de ces livres accrédités n'en faisaient pas le privilège exclusif des classes aisées... Si enfin, car nous ne sommes point aussi coupables que nous le paraissons, quelques lacunes ne restaient pas encore à combler.

Exemple :

Tous les anciens auteurs sont d'accord pour recommander : « de faire débuter les jeunes chiens à la chasse du sanglier par les bêtes de compagnie ». On sait que ces animaux, trop jeunes pour être armés de défenses, ne peuvent porter que des coups de boutoir (groin) peu dangereux.

J'ai donc eu foi dans le précepte, mais j'ai bientôt appris aux dépens de ma meute que ce début, donnant trop de hardiesse aux jeunes chiens, les exposait à se faire éventrer par les grands sangliers qu'ils confondaient avec les bêtes de compagnie.

Il y avait donc, sinon nécessité, du moins prétexte : il fallait que la petite propriété, à l'instar de la grande, eût son livre de chasse à courre, usuel, consolateur (je n'ose dire ami), adoucissant les aspérités trop aiguës de la science, sans amoindrir la valeur des préceptes... un livre qui lui servît moins encore à apprendre qu'à ne pas paraître ignorer.

Rousseau l'a dit : « Il faut des auteurs qui, semblables à la bonne, coupent le pain aux petits enfants. »

L'HALALI.

INTRODUCTION

HISTORIQUE DE LA CHASSE

LA première action de l'homme primitif a été une chasse exécutée dans les conditions les plus légitimes, celles de pourvoir à sa sûreté et à sa nourriture : il a chassé pour manger et ne pas être mangé; s'il n'avait pas triomphé des autres animaux, ce seraient eux qui continueraient comme par le passé à chasser l'homme. Telle est l'origine prosaïque de la chasse, nommée si malencontreusement le plaisir des dieux et des rois; car, hélas! ceux qui ne peuvent être les uns veulent à toute force être les autres (1).

(1) Pline prétend que l'origine de la monarchie est due à un adroit chasseur qui a consacré ainsi sa supériorité.

C'était déjà un premier pas de fait, le second a été de se créer des alliés indispensables, le cheval et le chien, et bientôt, à l'aide de la fronde et de l'épieu, l'homme, sans attendre l'apparition des armes mécaniques, a exercé sa domination sur tout le règne animal.

Avec un peu plus de modestie que nous n'en avons, peut-être serions-nous forcés de reconnaître que nos premiers maîtres dans l'art de la chasse ont été les animaux.

Le lion, le tigre, la panthère se cachent pour surprendre leur proie; c'est l'affût.

Les chacals, les loups, les renards forment par espèce une sorte d'association; ils se partagent les rôles; ceux-ci mènent à voix, ceux-là guettent et servent de relais; c'est la chasse à courre.

L'oiseau de proie a créé la fauconnerie, et le singe, en lançant des pierres, a indiqué l'usage du javelot et de la fronde. L'homme civilisé, en fait de chasse, n'a inventé qu'une seule chose : l'art d'empêcher son voisin de chasser.

Citez-moi chez les modernes un seul fait cynégétique qui puisse subir la comparaison des anciens?

Les Persans, les Tartares et une infinité d'autres peuples possédaient une race de chiens qui chassait d'assurance encore, le lion, le tigre (1), ainsi que tous les grands carnassiers : puis, autre variante, ils instruisirent ces mêmes grands animaux à chasser à leur profit, notez ceci, avec une docilité que nous sommes loin d'obtenir de nos chiens modernes.

Revêtu d'une simple casaque d'osier, doublée de peaux de

---

(1) Imitant en cela les chiens sauvages, qui se réunissent également en troupe pour attaquer les sangliers, les taureaux, les lions et les tigres, j'ai lieu de croire qu'une meute de chiens d'ordre d'Europe, conduite en Afrique, et bien appuyée, mènerait le lion aussi franchement qu'elle mène le cerf..., la première fois du moins; quant à la seconde, ma confiance en serait ébranlée.

Que notre historien pratique, Jules Gérard, décide cette question.

bœufs, l'Éthiopien s'attaquait au roi des animaux et en triomphait le plus souvent.

Comme faste, rien n'approche de l'appareil déployé à la chasse par les anciens potentats d'Orient. Ceux qui mettent le bruit et l'éclat au niveau de l'art seraient fondés à regretter le temps où les empereurs de la Chine ou du Mogol abattaient, avec le concours de 200,000 hommes, de 500 éléphants et de meutes innombrables, 14,000 grands animaux en une seule chasse (1), action cynégétique sans doute, mais complètement étrangère à la vénerie, dont la signification propre désigne une seule espèce de chasse, à force de chiens, et plus particulièrement encore celle des bêtes fauves, telles que cerfs, daims et chevreuils.

Quant à la fauconnerie (2), on serait moins fondé encore à en faire justice; les peuples primitifs étant incontestablement restés de beaucoup nos maîtres dans cet art; enfin, vieille comme l'ancien monde (les Grecs chassaient déjà à l'oiseau au siège de Troie), la fauconnerie s'est éclipsée à l'apparition du nouveau.

Le lecteur m'excusera de lui donner, seulement pour mémoire, un léger aperçu de cette science de la fauconnerie qui, durant tant de siècles, a été la principale occupation de la ville et de la cour.

La fauconnerie, autrement dit l'art de chasser avec le faucon, comprenait également le vol de tous les oiseaux de

(1) Toute la tactique consistait à refouler les animaux vers un point fortifié, pour faire jouir sans danger le potentat et sa cour de la magnificence d'un tel spectacle. Les rets, les filets et les fosses jouaient le principal rôle dans ces tueries monstrueuses. A Athènes, pour être admis dans les réunions publiques, il fallait avoir tué un sanglier *hors des filets*, cette distinction prouve que les anciens peuples s'entendaient fort bien à diminuer les dangers de la chasse.

(2) Les héros chasseurs qui figurèrent aux Croisades en rapportèrent le faisan, le paon et la fauconnerie.

proie, depuis l'aigle (1) jusqu'au hobereau, le plus petit de tous ; d'où est venu le surnom de hobereau donné aux gentilshommes campagnards trop pauvres pour entretenir des faucons.

Au moyen âge, la passion de la chasse était tellement répandue, qu'aucun seigneur ou qu'aucune châtelaine n'aurait osé se montrer en public sans avoir son oiseau au poing : on le conduisait partout, à la guerre, à l'église. Les rois (2), les princes, les nobles entretenaient selon leur fortune et leur rang de nombreux fauconniers à pied et à cheval. Le vol de chaque espèce de gibier (héron, caille, perdrix, lièvre) comportait un équipage spécial.

Un faucon bien dressé, obéissant au geste et au sifflet, était sans prix : les plus estimés revenaient d'eux-mêmes sur le poing, ou tout au moins sur le leurre.

Le leurre était un simulacre d'oiseau en drap rouge, rembourré et décoré d'ailes de perdrix ou de héron, qu'on agitait en l'air au bout d'une corde.

Le faucon avait les jambes garnies de jets (courroies), qui le retenaient au perchoir, ou à la filière (ficelle lui permettant de voler à de courtes distances). Il portait deux petites sonnettes, et sa tête était recouverte d'un capuchon qui se retirait à volonté.

Des hommes spéciaux s'adonnaient à l'éducation des oi-

(1) Deux aigles attaquaient et *portaient bas* un sanglier, disent les vieilles chroniques. Je les soupçonne d'erreur, ou plutôt d'entendre par portaient bas l'action d'occuper assez le sanglier pour donner aux hommes et aux chiens le temps d'accourir et de l'achever.

Dans la fauconnerie moderne l'aigle n'était pas considéré comme un oiseau noble.

(2) Louis XIII était si passionné pour la fauconnerie qu'il éleva à la dignité de connétable le jeune de Luynes pour le récompenser d'avoir dressé des pies-grièches au vol du moineau. Les beaux esprits du temps firent sur Louis XIII l'anagramme suivant : « Louis XIII, roi de France et de Navarre. *Roi très-rare, estimé dieu de la fauconnerie.* »

scaux destinés au vol. La première leçon consistait à faire poursuivre au faucon, gerfaut, sacre, émerillon ou hobereau, des perdrix et des cailles blessées. On traînait devant lui un lièvre empaillé, sur lequel il se jetait avec d'autant plus d'avidité, qu'on avait eu la précaution de ne lui donner à manger que sur le leurre de l'espèce de gibier qu'il devait poursuivre.

L'instinct des oiseaux de proie les disposant naturellement à se précipiter aussi bien sur leurs ennemis que sur les êtres destinés à leur servir de pâture, je réserverai toute mon admiration, non pour l'oiseau le mieux dressé, mais pour le fauconnier expert dans son art. Celui-ci, dérobant à la nature ses secrets les plus cachés, remplaçait avec une merveilleuse adresse une plume cassée par une autre, changeait en quelque sorte tout le pennage de l'oiseau (1), et parvenait ainsi à augmenter ou à diminuer à volonté la rapidité de son vol.

La fauconnerie avait son langage pour se comprendre à demi-mot; ses meutes pour faire lever le gibier; ses chevaux, son luxe, son appareil, pour ajouter à l'éclat des fêtes, et au-dessus de tout cela, elle avait le patronage des rois.

La mode a détruit ce que la mode avait créé : les essais tentés pour régénérer la fauconnerie sont demeurés sans résultat (2).

Reste donc la vénerie, dite chasse française, dans laquelle nous excellons, ou plutôt nous excellions; car depuis 1789, époque à laquelle on peut faire remonter le morcellement des propriétés, il n'y a plus en France que les rois, les princes et quelques rares privilégiés qui possèdent des domaines as-

---

(1) Les plumes des faucons morts étaient conservées avec soin et rangées par numéros d'ordre : elles servaient à remplacer les plumes correspondantes que les oiseaux avaient perdues dans leurs courses et leurs combats.

(2) Le Roy Modus, Gace de Vigne et Gaston Phœbus sont les meilleurs auteurs à consulter sur la fauconnerie.

sez vastes pour y entretenir, sans préjudice pour leurs voisins, des meutes de premier ordre et encore sont-elles bien inférieures en mérite et en nombre à celles de leurs devanciers.

Pour les anciens, il est vrai, la chasse n'était pas seulement un amusement, mais c'était un périlleux apprentissage de valeur. A ce titre ils honoraient particulièrement la chasse de l'urus (taureau sauvage) dont les cornes étaient sans prix. Tous les écrivains rendent aux Francs ce témoignage, qu'aucun peuple sur la terre ne pouvait leur disputer la palme de la chasse.

Les temps sont bien changés.

Chez nous, désormais, plus d'existences princières, de vastes domaines, plus d'équipages, conséquemment plus de grands animaux; d'ailleurs, s'il m'était prouvé qu'il existât encore en France une meute digne de ce titre par département, je demanderais qu'on voulût bien me prouver qu'il y a également ment un cerf *par département*, ce dont je douterai jusqu'à preuve du contraire.

La vénerie est une création moderne (1), elle ne date que du règne de Childebert II. Avant cette époque on attaquait le premier animal venu sans prendre la peine de le détourner; mais, accueillie dès son apparition avec une grande faveur, les rois furent les premiers à en observer les règles.

Charlemagne, imitant le faste des anciens empereurs d'Orient, entretint des équipages nombreux; toutefois, il s'adonna plus particulièrement à la chasse des animaux féroces. Il lutta, disent les chroniques, seul et corps à corps avec un ours monstrueux, la terreur des Vosges, et en triompha.

Charles VI aimait tellement la chasse que, confondant les

---

(1) Il serait assez singulier que le mot *vénerie* vînt de *voleur*, celui qui fait voler l'oiseau : cette origine est accréditée auprès de plusieurs anciens auteurs.

emblèmes de la vénerie avec ceux de la royauté, il plaça deux
cerfs ailés dans ses armes. L'histoire raconte ... : « qu'il des-
titua son grand veneur, messire de Gamaches, pour avoir
conduit une chasse tout de travers. »

Louis XI, devenu vieux et impotent, s'amusait à faire chasser des rats dans ses appartements par une meute de chats.
Il se fit enterrer en costume de chasseur, le cornet au côté.

Saint Louis était un intrépide chasseur. On lui doit la race
des chiens gris ramenés d'Orient et inaccessibles, préten-
dait-on, à la rage. Charles VIII, encore plus passionné que
lui, peupla la France de rennes et de léopards, animaux jusqu'alors inconnus. François Ier (1) fut surnommé *le père de
la vénerie* par Dufouilloux; c'est tout dire.

Catherine de Médicis, vaillante amazone, courait le cerf et
se servait très-adroitement de l'arquebuse.

Charles IX, grand chasseur, accomplit un haut fait cynégétique, en forçant tout seul et sans chiens un cerf. Le poète
Baïf a célébré cette action dans ces vers :

> « .   .   .   .   . Sans lévriers, sans clabauds,
> Avez forcé le cerf et par monts et par vaux. »

On sait que Henri IV, avant de monter sur le trône, exerçait son ardeur contre les ours des Pyrénées. On cite une
chasse dans laquelle deux pages et six gardes du roi de Navarre furent tués. Toutes les lettres d'amour de Henri IV témoignent de sa double passion.

Louis XIII, Louis XIV, Louis XV et Charles X ont été de
grands veneurs dans toute l'acception du mot. Mais ces répu-

---

(1) François Ier disait communément qu'il n'y avait si petit gentilhomme en
France qui ne pût recevoir dignement son roi, s'il avait à lui montrer un beau
chien de chasse, un beau cheval et une belle femme.

tations hors ligne s'effacent devant celle du dernier des Condé, le plus parfait veneur des temps modernes.

Le duc de Bourbon (1), il est vrai, était de l'école du célèbre *d'Yauville*, l'ancien commandant de la vénerie de Louis XV, l'homme qui a le mieux décrit et pratiqué la grande chasse à courre. Charles X et le duc de Bourbon représentaient deux types parfaits, mais distincts : aussi habiles, aussi entreprenants l'un que l'autre, ils n'en étaient pas moins, à titre de veneurs, dans des camps opposés. Jamais le duc de Bourbon n'aurait justifié par sa présence les tueries de grands animaux qui, sous le nom classique de houraillements (2), faisaient le principal amusement de Charles X, passionné pour toutes les chasses à tir. Il est vrai qu'il s'y comportait de façon à édifier la cour et la ville, par son sang-froid, son adresse et son courage, c'est un historien qui lui rend cette justice ; « maintes fois on l'a vu attaquer seul des sangliers à la bauge, et courir avec une témérité toute chevaleresque des dangers qui auraient pu être fatals à bien d'autres. » En résumé, Charles X, s'écartant des routes frayées, était le veneur romantique, tandis que le duc de Bourbon, étroitement renfermé dans les limites de son art, était le veneur classique.

Jadis, on excusera cette digression rétrospective, l'exercice de la chasse se confondait si bien avec celui de la royauté (3), que pour obtenir l'un il fallut à toute force abaisser l'autre : la féodalité se chargea de ce soin, et les grands seigneurs chassèrent. Pareille conquête ayant été opérée plus tard au préjudice de ces mêmes grands seigneurs, le peuple chassa à son tour. Telle est l'origine du droit de chasse chez

(1) Les chenils de Chantilly éclipsaient ceux des rois de France : le relevé des animaux forcés par le duc de Bourbon présente un chiffre fabuleux.

(2) Chasse à tir des grands animaux, exécutée en battue, dans les toiles ou dans les parquets.

(3) Autrefois en France le droit de chasse résidait dans la personne du roi, comme propriétaire primitif de tous les fiefs.

tous les peuples du monde. Or ce droit rappelant une conquête n'en fut que plus honoré encore.

C'est à ce noble exercice que les rois durent leur célébrité; que des hommes obscurs s'élevèrent au faîte des honneurs : c'est de par la chasse que les noms de saint Hubert (1), de Nemrod (2), entourés d'une auréole de sainteté et de gloire, se sont perpétués d'âge en âge : c'est à des titres aussi éminents et aussi imprescriptibles que le nom de Gérard a conquis sa glorieuse part de célébrité.

C'est pour avoir célébré les plaisirs de la chasse que les trouvères et les poëtes furent récompensés avec une munificence sans exemple. Ainsi encouragés, les écrivains de tous les temps et de toutes les nationalités produisirent des œuvres, dont quelques-unes seulement sont parvenues jusqu'à nous.

Les Grecs et les Latins (3) ont la supériorité parmi les anciens; les Français et les Allemands parmi les modernes. Ce fait incontestable me permet de renfermer dans un cadre plus étroit l'esquisse chronologique des ouvrages que la renommée, ce juge infaillible, a signalés à nos respects. Le lecteur me saura gré de prévenir son désir et de faciliter ses recherches.

Grand comme guerrier et comme écrivain, Xénophon a fait un excellent traité sur la chasse : ses préceptes ont encore toute la fraicheur de la nouveauté; c'est Xénophon qui a dit dans ses *Cynégétiques*, au sujet de l'épieu : « La main gauche « porte le coup et la droite le dirige. »

(1) *Voir*, pour les biographies de saint Hubert et de Gérard, les *Chasses exceptionnelles*.

(2) Nemrod, fils de Chus, était, suivant l'expression de l'Écriture Sainte, un vaillant chasseur. Non content de faire la guerre aux animaux sauvages, il abusa de sa force et de son courage pour dompter ses semblables et les soumettre à son joug.

(3) On ne peut oublier que Horace, Ovide et Virgile ont chanté les nobles travaux de la chasse.

Arrien, surnommé Xénophon le jeune, s'est attaché dans ses ouvrages à préconiser l'emploi des filets. Sans s'en douter, il a flétri d'un premier stigmate l'esprit de braconnage. Chasseur émérite, mieux encore, chasseur courtois, il recommande... « de ne pas chasser le lièvre avec un trop grand « nombre de chiens, pour laisser à cet animal timide toute « la plénitude de ses facultés. » Ces seuls mots élèvent un monument impérissable à la mémoire d'Arrien de Nicomédie.

Oppien, chantre merveilleux, recevait de l'empereur Caracalla un écu d'or, pour chacun des vers de son poëme sur la chasse (*le Cynegeticon*).

Le Roy Modus, sorte d'allégorie dialoguée, le plus ancien livre français qui traite de la chasse, est principalement remarquable par la naïveté des dessins qui reproduisent les scènes, armes et engins de l'époque (auteur inconnu).

Gaston Phœbus (on le soupçonne d'avoir pris le soleil pour devise; d'autres prétendent qu'il se nommait ainsi par allusion à sa blonde chevelure), grand chasseur, écrivain élégant, passionné, auteur d'excellentes observations sur les déduits de la chasse du daim, du renne et de l'isard, fauves exceptionnels dont les mœurs n'avaient pas encore été décrites.

Gace de Vignes (ou de la Vigne), gentilhomme normand, prêtre (1), poëte et fauconnier : son traité, relevant de l'his-

---

(1) On cite plusieurs prélats qui ont également écrit sur la vénerie et l'oisellerie : Denis le Grand, évêque de Senlis, Philippe de Vitry, évêque de Meaux..., etc., etc. Alors que les ecclésiastiques allaient à la guerre, et que les papes eux-mêmes, notamment Pie II (on lui attribue un ouvrage sur la chasse), Jules II et Léon X, étaient d'intrépides chasseurs, on aurait été peu fondé à leur interdire l'exercice de la chasse. Il est vrai que le pape Clément V y apporta dans la suite des restrictions par ses fameuses constitutions, connues sous le nom de *Clémentines;* restrictions renouvelées de l'empereur Charlemagne, qui avait déjà infligé des peines corporelles aux prélats chasseurs.

Le couvent de Saint-Denis avait seul conservé le droit de chasser le cerf, le chevreuil et les animaux carnassiers, sur cette allégation que les cuirs servaient à couvrir leurs livres, et la chair à nourrir les frères infirmes ou convalescents.

toire, de la fable et du roman, n'en contient pas moins d'excellents préceptes sur l'éducation des oiseaux de proie.

Charles IX a composé, en participation (1), un traité sur la chasse du cerf : ce traité, fût-il plus méritant encore, ne saurait effacer le souvenir de la Saint-Barthélemy.

Jacques Dufouilloux, l'auteur que les écrivains modernes ont le plus consulté; hommage justifié par sa profonde érudition et son entente de toutes les chasses.

Épée de Sélincourt, auteur du *Parfait Chasseur*, cet ouvrage très-estimé, traite principalement des grands équipages.

Salnove, ancien page de Henri IV, lieutenant de la grande louveterie de France, dédia son traité à Louis XIV. Cet écrivain est aussi remarquable par l'élévation de ses préceptes que par les règles d'ordre, de convenance et d'étiquette qu'il a introduites dans la vénerie.

Leverrier de la Conterie, l'immortel auteur de l'*École de la chasse*. Le chapitre qui traite du lièvre est digne de Buffon; même profondeur, même justesse, même élégance de style !

D'Yauville, commandant de la vénerie de Louis XV, auteur d'un excellent traité sur la chasse du cerf.

Jean Mathéos, veneur de Philippe IV, roi d'Espagne, a publié un ouvrage que les chasseurs érudits aiment à consulter.

Hartig, le plus célèbre des veneurs et des écrivains cynégétiques de l'Allemagne; auteur d'un traité qui mériterait d'être traduit dans toutes les langues.

Baudrillart et de Quingery; ces écrivains ont réuni dans un traité des eaux, forêts, chasses et pêches l'histoire universelle de la chasse. Ils embrassent tous les sujets, et ils les traitent avec une supériorité de détails qui fait de cet ouvrage le *vade-mecum* des chasseurs.

(1) On prétend que M. de Villeroy, secrétaire d'État, a apporté à ce travail le tribut de sa profonde expérience de veneur.

C'est au témoignage de ces grands justiciers de la vénerie que j'aurai recours pour suppléer au manque d'autorité de mes propres observations; toutefois, en analysant avec une religieuse fidélité les leçons de ces grands maîtres, qui ont fait de la vénerie une science aux règles immuables, je me permettrai de modifier quelques servitudes exagérées de langage, de mots techniques, de suprême *argot*, si j'ose m'exprimer ainsi, qui, pénétrant du chenil au palais, y ont conquis leur droit de cité, sans rien ajouter à l'art de la chasse.

Selon moi, la classification des animaux, l'étude de leurs formes, de leurs couleurs, des lieux qu'ils fréquentent, des aliments qu'ils recherchent; la connaissance de leurs habitudes, de leurs maladies, de leurs ennemis même, l'art de repeupler un bois, une forêt de toute espèce d'animaux, les soins que réclame la destruction de ceux qui nuisent à leur propagation, ces connaissances, dis-je, compenseront bien l'ignorance de certains mots techniques et souvent pédantesques.

Ici je me mets à la place du lecteur, et je m'adresse cette question : N'avez-vous pas dit, dans le *Chasseur rustique*, que la chasse au chien d'arrêt n'est qu'une simple question de jambes et d'adresse?

— Oui.

— Ce jugement, qui vous a entraîné à de si grands frais d'imagination...

— Railleur !

— Ne serait-il pas également applicable à la chasse au chien courant?

— Raillé!... car je le nie, mieux encore, je le prouve.

Avec des jarrets d'acier, vous arpenterez une forêt en tout sens, moins le bon : avec une adresse égale à celle des Guillaume Tell! des Gérard! des... il faut toujours laisser un nom en blanc pour entretenir l'émulation de ses lecteurs, vous aurez, vérité digne de M. de la Palisse, une certaine difficulté à tuer ce que vous ne tirerez pas. La première condition pour obtenir ce résultat, but de tous vos efforts, c'est évidemment de vous croiser avec la bête de meute... de lui couper les voies... de l'attendre au retour... de la voir par corps, ne fût-ce que pour démêler avec plus de facilité le labyrinthe de ses ruses. Donc, sous peine d'être menacé de faire buisson creux (le buisson creux est la bredouille du chasseur à courre), vous devez vous identifier avec les fuites et refuites des bêtes fauves, rousses ou noires, que vous chassez.

Le lièvre que les chiens rapprochent prend les chemins et les carrefours favorables à ses ruses : du bois il gagne la plaine et de la plaine le bois.

Le renard, se sauvant dans une direction opposée en apparence à la route qu'il a l'intention de suivre, se rabat en droite ligne vers ses terriers.

Avant de prendre un parti, le chevreuil randonne dans les jeunes taillis et les enceintes accidentées ; il songe au retour, au change, et ses allures se ressentent de ses incertitudes.

Le daim, moins chassé, moins rusé, a quelque chose de plus régulier encore.

Le sanglier, confiant dans ses forces et se faisant chasser de plus près, dévore une forêt de cinq lieues pour gagner ses ronciers marécageux.

Le cerf, quittant majestueusement ses demeures (le roi de la forêt ne peut être logé comme un simple renard), bondit d'assurance vers des routes si bien frayées, qu'on en pourrait d'avance tracer l'itinéraire.

Le loup!... Salut au vieux loup, il ne se force pas, axiome consacré.

Ce petit spécimen suffira pour convaincre le lecteur de la

nécessité de s'instruire, ne fût-ce que pour s'éviter des pas inutiles et des mécomptes certains. Au troisième coup de gorge de ses chiens, tout bon chasseur doit connaître le nom de l'animal qu'ils rapprochent ou qu'ils chassent.

En toute chose la réussite et le succès décident de notre vocation : on affectionne toujours l'exercice dans lequel on excelle; ce qui a fait dire à un humoriste que les exercices du corps servent de revanche à ceux qui ne brillent pas aux exercices de l'esprit; pure calomnie. Néanmoins, tel prétend avoir abandonné la chasse, qui, en réalité, a été abandonné par elle. Puissiez-vous ne pas être dans cette catégorie humiliante! Il faut aimer cet exercice, non pour les joies qu'il procure, mais pour la paix, le calme, le repos de l'âme dont il sature la vie; il faut l'aimer assez pour en accepter résolument les devoirs, les charges, les fatigues, et ne considérer aucun détail comme au-dessous de sa dignité. Ennobli par les plus rudes travaux, le chasseur vraiment rustique, se tenant lieu de valet de chien et de piqueur, ne concède à aucun autre le glorieux privilège de faire à la fois acte de persévérance, d'habileté et de courage dans la pratique la plus servile de cette noble profession.

Quant à vous, fortunés, ou plutôt infortunés chasseurs privilégiés, qui recevez chaque matin les rapports de vos valets, qui savez le nom, l'âge, le lieu de la reposée de la bête détournée à votre intention; qui, sauf de très-honorables, mais aussi de très-rares exceptions, faites de la chasse à courre une promenade équestre, un but mouvant, animé; qui avez imaginé la monstrueuse création du chien anglais hors gorge, quasi muet, plus vite que le cerf même...; vous, dis-je, qui, ainsi que les rois, avez des gens à gages pour penser, juger et agir à votre place, vous en savez déjà trop en n'en sachant pas encore assez.

Un dernier mot avant d'entrer en matière. Tous les livres, y compris ceux qui traitent des sciences, sont à refaire (qu'on excuse cette assertion), non quant au fond, mais quant à la forme, d'ordinaire ingrate et aride. Sans le sourire qui décore ses lèvres, que serait la conversation de la plus jolie femme? C'est ce sourire qui, selon moi, manque à tous les livres spéciaux; dussé-je l'exagérer au point d'en faire une grimace, je poursuivrai l'excentricité de cette innovation.

L'histoire de la chasse comprend celle de l'homme, de la société, de la civilisation : donc, quittant parfois la bonne voie, si mes causeries m'égarent dans quelque change malencontreux, le lecteur n'en sera pas moins certain d'arriver en temps opportun à l'hallali.

La grande vénerie, on ne saurait se le dissimuler, exhale un certain arome de féodalité effacé de nos mœurs; l'éclat, le bruit, le décor, l'écho de tant de fêtes, font sécher de dépit le petit parvenu, l'envieux que les joies des autres mettent littéralement à la torture. Si le propriétaire d'une meute nombreuse n'était pas, par cela même, propriétaire d'un beau château et d'une belle forêt, on excuserait sa munificence; mais, hélas! point de circonstances atténuantes, le bonheur fait le crime.

Que les chasseurs, grands et petits, se le tiennent pour dit : ils ont pour ennemis ceux qui les voient, les entendent, y compris bien entendu ceux qu'ils font vivre; le cœur humain a trop de conscience pour contredire cette vérité.

Toutefois, je tiens à bien préciser ce que j'entends par la grande et la petite vénerie.

Ce sont deux sœurs de lait, destinées à vivre, l'une dans le grand monde, l'autre dans le petit... L'une dans le palais, l'autre dans la chaumière... L'une chassant le fouet à la main et ne faisant qu'exceptionnellement usage de l'arme à feu; l'autre chassant le fusil sur l'épaule et ne forçant qu'accidentellement. L'une enfin, réglant la vitesse de ses chiens sur la vitesse de ses chevaux; l'autre ne la réglant que sur la lenteur comparative de l'homme : entre elles deux, l'espace d'un monde.

Déjà je crois entendre les railleuses exclamations des veneurs de la vieille école française : hélas! non, je n'entends rien, ils ne me font même pas l'honneur d'un murmure.

LE CERF A L'EAU

CHAPITRE PREMIER

LE CHASSEUR ET LE VENEUR

La chasse, cette science qui a pour objet la destruction des animaux nuisibles et la conservation, dans une juste proportion, des animaux utiles, fournit des types variés, distincts, toujours vrais. L'inimitable marquis de Foudras a esquissé le portrait de l'ancien gentilhomme chasseur, portrait encadré de pourpre et d'or : Blaze, La Vallée, Chapus, Léon Bertrand, Viardot, Gérard, Toussenel, De Fos, Boucheron, Delegorgue, Deyeux, et tant d'autres charmants historiens, poëtes ou romanciers, passant ou passés, tant la mort éclaircit chaque jour leurs rangs, ont daguerréotypé avec un charme infini et

une grâce exquise le moderne disciple de saint Hubert; mais
aucun de ces écrivains d'élite, dont je ne suis que le très-
humble serviteur, n'a songé à constater l'excentrique supériorité du chasseur au bois sur son homonyme le chasseur à la
plaine.

Ce dernier, en contact permanent avec les populations, subit encore dans sa tenue, ses mœurs, ses goûts et son caractère les servitudes de la mode et de l'usage : il y a du bour-
geois et du citadin dans ses allures; il conserve son rang,
ses insignes, sa sociabilité, et une certaine déférence inhérente à sa personne corrige les élans de sa rusticité, moins
réelle que d'emprunt. Il joue le grognard, mais il ne l'est pas.

Le chasseur au bois, véritable *bas de cuir*, demi-dieu,
demi-homme, demi-ours, affranchi de toute entrave, oublie le
monde et veut en être oublié. Pour lui la chasse n'est plus
une joie, un délassement, mais c'est une passion sombre, sérieuse, religieuse même; il chasse avec ferveur comme il
prie : finalement, le chasseur en plaine peut être jeune, ai-
mant et aimé... le chasseur au bois ne doit être que misanthrope, ce qui tient lieu de jeunesse et d'amour.

Le chasseur au chien courant est donc plus rustique, plus
persistant et plus passionné encore que le chasseur au chien
d'arrêt; il y a en lui du soldat, du poëte et de l'artiste. Simple,
naturel et brave, son organisation d'élite, riche, multiple,
puissante, lui assure la suprématie partout, hormis dans les
salons.

Il lui faut le grand air, l'espace et par-dessus tout une in-
dépendance à l'abri des servitudes sociales. Son habitation,
ses gens, ses meubles, son costume, ont quelque chose d'excentrique qui ne se rencontre pas ailleurs : sa vie est sobre,
régulière, sans à-coups de joie ni de peine; il la continue à
la façon antique.

Sa demeure est décorée de trophées d'armes, de dépouilles d'animaux; les livres qui garnissent les rayons de sa bibliothèque traitent d'histoire naturelle (1), de philosophie, aussi de religion. Celui qui nuit et jour s'égare dans les solitudes des forêts doit avoir une conscience pure, une foi profonde, pour résister aux mystérieuses hallucinations dont elles sont le théâtre. Visions aussi étranges et aussi fiévreuses sans doute que celles dont les rois eux-mêmes ont subi les atteintes, et que les chasseurs superstitieux se transmettent d'âge en âge.

Le fantôme de feu qui arrête Charles IX, chassant dans la forêt de Lions, près de Rouen... la rencontre fantastique de Henri IV avec le grand Veneur, à Fontainebleau (2), non loin du carrefour qui en a conservé le nom... l'apparition du cerf miraculeux, portant un crucifix sur la tête, qui décida saint Hubert, évêque de Liége, à renoncer à la chasse, la passion de toute sa vie...; toutes ces citations, recueillies par la crédulité des enthousiastes et des devins, Voltaire l'a dit : « Le premier prophète a été le premier fripon qui a rencontré un imbécile », ces citations, dis-je, ont accrédité l'intervention, dans les choses de ce monde, d'êtres occultes, que le savant

(1) La théorie de la chasse est fondée sur les connaissances d'histoire naturelle.
(2) Extrait du journal de *l'Estoile*, 1598 :
« Le mercredi 12 août, un bruit courut, dans Paris et aux environs, que le roi Henri IV, chassant dernièrement dans la forêt de Fontainebleau, auroit entendu, dans la même forêt, le jappement des chiens, le cri et le cor de chasseurs, autres que ceux qui étoient avec lui. Sur quoi ayant cru que d'autres chassoient aussi, et qu'ils avoient la hardiesse d'interrompre sa chasse, il commanda au comte de Soissons de pousser en avant, pour voir quels étoient ces téméraires. Le comte de Soissons, s'étant avancé, a entendu le même bruit de chasse ; mais il n'a vu autre chose qu'un grand homme noir, qui, dans l'épaisseur des broussailles, lui a crié : « M'en-« tendez-vous, ou m'attendez-vous? » et soudain disparut. » Le journal ajoute que cet événement, faux ou véritable, interrompit la chasse du roi, qui s'en retourna à son castel et donna sujet à maints propos et histoires. Semblable vision a été attribuée à Sully. L'historien *Bongars*, expliquant ce fait, n'hésite pas à affirmer que c'était l'âme d'un chasseur tué dans cette forêt sous le règne de François Ier.

de Maistre a qualifiés de dieux inférieurs. On n'ajoute aucune foi aux esprits sans doute; mais à une certaine heure de la vie et dans de certains lieux (les forêts n'en sont pas exceptées), on éprouve une secrète et fugitive terreur, profitable à l'homme, en ce sens qu'elle le dispose à invoquer l'assistance de son bon ange. Combien d'entre nous n'auraient jamais prié s'ils n'avaient eu peur! Il ne faut pas trop rassurer l'homme, il en abuse.

Auriez-vous donc vu des esprits? me direz-vous... Hélas! non, les esprits ne me visitent jamais. Revenons à notre sujet.

Le chasseur, et il a cela de commun avec les habitants de la campagne, se marie volontiers; toutefois, exagérant, contrairement à l'usage, non ses qualités, mais ses défauts, il pose en homme scrupuleux ses conditions matrimoniales, et cela à grand orchestre, devant les deux familles, afin que personne n'en ignore : il chassera, fumera; son chien favori sera le commensal obligé de la maison, au même titre que ses meilleurs amis, et, dans aucun cas, on ne pourra le ramener à la ville avant la fermeture de la chasse : ce n'est pas, croyez-le bien, que la femme lui fasse peur... non; mais le mariage. Le mariage, a dit le philosophe, est le commencement de la fin, les premiers pas hors de la vie...; il est encore une rancune, un dépit, quelquefois une affaire, le plus souvent une curiosité; aussi le chasseur fait-il ses réserves.

Ces clauses, saisissantes d'originalité, n'en ont pas moins servi de base à un contrat de mariage dont j'ai entendu la lecture. Pour la première fois peut-être depuis l'invention de cette institution, celle du mariage s'entend, j'ai vu, de mes propres yeux vu, une partie de chasse figurer dans le programme de la fête. Il est vrai qu'un chasseur de la trempe de mon héros ne pouvait épouser que la fille d'un chasseur non

moins bien trempé que lui; aussi personne ne se fît-il prier :
le beau-père donna l'exemple, et nous partîmes tous pour la
chasse. Merveilleusement servis par le hasard, nos chiens
lancèrent une chevrette!... Un brocard eût été de mauvais
augure.

J'en préviens ces dames : la chasse et l'amour sont deux
ogres; il faut que l'un dévore l'autre... sauf exception toutefois; car, après vingt-cinq ans de mariage, j'ai retrouvé mon
héros plus amoureux et plus chasseur encore.

Règle générale, le soldat, le marin et le chasseur font d'excellents maris... Pourquoi?... Parce qu'ils passent leur vie
hors de chez eux.

Le type du veneur de la vieille école accuse plus de race
encore. L'histoire a recueilli l'excentricité passionnelle de ce
pauvre gentilhomme du bon vieux temps qui, ruiné autant
par les vices brillants de ses devanciers que par les siens
propres, n'avait conservé de son ancienne splendeur qu'un
vieux piqueur et un vieux chien de tête, avec lesquels il vivait
renfermé dans un petit castel, dépouillé de ses bois, de ses
métairies, de ses dépendances, de tout enfin, hormis d'un petit enclos dans lequel le pauvre gentilhomme, fidèle observateur des règles de la vénerie, se livrait encore au plaisir tra-
ditionnel de la chasse à courre.

Trois fois par semaine, le vieux piqueur, dont l'attache-
ment et la fidélité se prêtaient à cette innocente parodie des
scènes d'un autre âge, venait au rapport.

— « Monsieur le comte, disait-il avec un sérieux aussi im-
perturbable que respectueux, nous avons une quatrième tête
dans la grande châtaigneraie (lisez un châtaignier, dont les
souches vermoulues ne donnaient plus aucun signe de végétation...), un tiers-an, à la grande mare (tonneau destiné à recevoir les eaux pluviales...), et un vieux loup, au fort dans les

bruyères... (deux touffes de bruyères...), dont feu M. le marquis, votre père, concédait le pacage aux communes »; petite flatterie qui ramenait le sourire sur les lèvres livides du vieux gentilhomme.

Celui-ci discutait en praticien consommé les bonnes ou mauvaises chances de la chasse, le choix de la bête, l'heure de l'attaque, et tous ces points réglés, il congédiait son piqueur d'un geste empreint de dignité et de bonhomie.

Madré et rusé comme un vieux renard, notre piqueur ne perdait pas un instant et, montant dans le grenier, il détachait du mur où elle était appendue une peau de cerf, qu'il enduisait de saindoux, vieux et rance, exhalant une forte odeur de venaison, et s'esquivant aussitôt, car son honneur était intéressé à préparer à son maître quelque subtil défaut que n'aurait pas désavoué un cerf de profession, il traînait au bout d'une corde cette dépouille tout au travers de l'enclos; simulant des retours, surallant ses voies, les interrompant, et finissant par se rembucher, à défaut de buissons, derrière le tronc d'un arbre.

Pendant ce temps le vieux gentilhomme retirait de l'armoire, où il était soigneusement conservé, un costume complet et suranné de veneur, aux couleurs des anciens ducs de Penthièvre, dont il avait été jadis un des principaux officiers : bottes molles, éperonnées, culotte chamois, habit vert galonné, tricorne Louis XV, trompe en sautoir; enfin, défiant l'étiquette la plus rigoureuse, il procédait dans son petit castel, de même qu'il aurait procédé au château de Versailles.

Bientôt, précédant son noble maître, le vieux chien de tête, parfaitement initié à son rôle, s'échauffait insensiblement sur la traînée dont il revoyait à chaque instant; sa voix rouillée accentuait des notes métalliques, peu gutturales, mais néanmoins infaillibles, qui transportaient de joie l'ancien veneur de la vieille école.

— « Tu dis vrai, Nicamor (nom du chien)! » s'écriait-il... et il sonnait la quête et la requête..., l'hourvari, quand le vieux chien tombait à bout de voix..., la vue, alors que, changeant le lieu *de sa reposée*, le piqueur tentait de se dérober à *la meute*..., l'hallali, lorsqu'après une heure de chasse, Nicamor, démêlant toutes les ruses de la *bête*, aboyait au fort devant la nappe du cerf, dont l'honnête serviteur s'était fait un manteau; puis, la fête terminée, le gentilhomme regagnait sa demeure en sonnant de toutes les forces de ses poumons la joyeuse fanfare de la retraite prise.

Que d'autres flétrissent l'action de ce pauvre vieux des temps passés; ce qu'elle pouvait présenter de grotesque s'efface devant ce qu'elle avait bien certainement de philosophique et de touchant.

Mais, tout le premier, parodiant cette scène dans un horizon plus étroit, ne me suis-je pas habillé vingt fois en chasseur, pour essayer de tromper mes regrets, à l'heure où de joyeux amis se livraient loin de moi au plaisir de la chasse. L'histoire de l'un est l'histoire de tous : on est ridicule comme on est coupable, selon ses juges.

Sois donc indulgent, chasseur, car toi aussi tu as joué un triste rôle; non plus à l'exemple de ce vieux gentilhomme, dans une parodie, mais dans le drame même!... Tu as péché, en faisant parler la poudre à la façon arabe!... En coopérant à des révolutions... En ravageant le domaine de tes rois!... Et tu en as été puni : une législation insuffisante, qui ne protège en réalité que les animaux nuisibles, le loup, le renard et le braconnier, sous prétexte de garantir tes joies les a anéanties... Les révolutions déshonorent plus d'hommes qu'elles n'en ruinent!... Voilà pour les révolutions... Elles détruisent plus de gibier qu'elles n'en consomment!... Voilà pour le gibier. Chaque changement de gouvernement coûte, aux chasseurs, la moitié de leurs grands et de leurs petits animaux; qu'ils s'en souviennent.

Cette boutade vous fait pressentir mon opinion politique, j'en suis bien aise; sans compter qu'elle est à la fois la plus honnête et la plus habile, exemple :

Depuis trente-neuf ans j'occupe le même emploi, et je l'occuperai encore dans trente-neuf ans, si le ciel me prête vie; mon secret! le voici, je vous le donne sous forme d'axiome :

Défendre à outrance celui qui s'en va, c'est gagner l'estime de celui qui vient.

En agissant de la sorte, on n'a pas besoin de courir après le chef de l'État; c'est lui qui court après vous, et vous fait tambouriner au même titre qu'un effet perdu : c'est ainsi que nos honnêtes gendarmes ont changé cinquante fois de qualification et d'uniforme, mais jamais de fonctions ni de cœur!... Pardon de cette digression, qui ne sera pas la dernière.

Ceux qui pratiquent l'exercice de la chasse à courre forment deux catégories bien distinctes. La première comprend toute la *fashion* de la capitale et des châteaux. C'est moins la chasse que le sport, n'importe, l'élégance de ces nobles affiliés, leur luxe, leur parfait savoir-vivre concourent à l'éclat des fêtes; on pourrait même ajouter que la modestie cynégétique du plus grand nombre fait bonne et complète justice des prétentions déplacées de quelques-uns.

La seconde catégorie se recrute de tous les jeunes hommes sérieux et passionnés qui, selon leur fortune, s'adonnent à la grande ou à la petite vénerie; chassant royalement à force de chiens, ou bourgeoisement à courre et à tir, mais toujours conformément aux principes et aux usages consacrés.

Voilà les sujets que nous serons fier d'initier à nos secrets ;
car la chasse a ses mystères, sa poésie, ses calmes, ses tempêtes ainsi que ses règles d'honneur et d'humanité, d'humanité, dis-je, afin de ramener à de meilleurs sentiments ceux
qui, méconnaissant les lois de la nature, ne craignent pas de
faire souffrir inutilement les animaux.

Le tigre, l'hyène, le chacal, le loup, sont féroces ! mais
l'homme seul est méchant, car la méchanceté est facultative.
En mangeant un mouton, le loup obéit à sa raison d'être, les
carnassiers ont été créés pour maintenir l'équilibre qui
échappe à notre intelligence. Un animal vous cause des dommages, tuez-le, en chasseur et non en bourreau ! Ne le bâil-
lonnez pas, pour le faire servir de jouet à vos chiens ; car je
dévoilerai tout, je dirai les méfaits des disciples de saint Hubert, aussi ceux de leurs historiens, de leurs romanciers et
de leurs poëtes qui, en vers comme en prose, semblent s'être
donné le mot pour reproduire les mêmes atrocités de langage.

« Quand le loup (c'est l'un d'eux qui s'exprime ainsi) est
« maintenu à terre, à l'aide d'une fourche, on lui coud les
« lèvres avec du fil de cordonnier ; on fait un double ourlet,
« bien proprement, pour calfeutrer sa mâchoire, et dans cet
« état, on le fait étrangler par des chiens. »

Chaque professeur ancien ou moderne tient à honneur de
produire son système d'éducation plus ou moins cruel. *Juan
Mateos*, auteur espagnol, indique pour dresser les chiens à
la chasse du sanglier un procédé tout aussi inhumain : « Vous
« faites courir devant eux un porc domestique, sur le dos
« duquel vous avez attaché des brandons de paille enflam-
« mée. »

C'est ainsi que de cruauté en cruauté on est parvenu, per-
vertissant le caractère du chien, à dresser l'ami de l'homme
à faire la guerre à l'homme.

On lit l'avis suivant dans les journaux de la Nouvelle-Or-
léans : « Le soussigné possède en ce moment quelques-uns
« des meilleurs chiens négriers qui existent dans les États
« de l'Union ; il est inutile de réquérir son ministère si l'on a
« perdu les traces du fuyard depuis plus de huit ou dix heures.
« Certaines personnes n'aiment pas que l'on fasse la chasse
« à leurs nègres marrons avec des chiens qui peuvent les
« mordre, et conséquemment *avarier leur marchandise*...
« Ceux du soussigné terrassent, mais n'étranglent pas. » Excellent soussigné, que le ciel te pardonne, car je ne te par-
donnerai pas.

Quand donc fonctionnera-t-elle, cette loi Grammont (heureux le nom qui symbolise une vertu), destinée à protéger les
animaux contre la brutalité de l'homme? Hélas! je prêche
dans le désert... Qu'espérer, en effet, qu'attendre de ces
hommes qui, refusant au complice de leurs joies la bouchée
de pain qui le laisserait vivre, pendent sans pitié le vieux
chien courant dont le courage, attesté par de nombreuses
blessures, les a préservés vingt fois de l'atteinte d'un sanglier
en furie!...

Horrible calomnie, sans doute... Qui donc se respecterait
assez peu pour donner à d'honnêtes villageois un aussi flagrant exemple d'ingratitude et d'inhumanité? Qui?... Tous
les propriétaires d'équipages, sans en excepter un seul peut-
être.

Ils ont pourtant eu leur épopée, ces bons animaux, comme
nous avons eu la nôtre : « A Rome, à Athènes, en Égypte, a
« dit un charmant écrivain, on les divinise sous leur forme
« réelle ou fantastique; ils jouent un rôle dans l'idolâtrie, la
« fable, la mythologie, et jusque dans notre civilisation. N'a-
« t-on pas trouvé dans les tombeaux antiques des animaux
« embaumés?... N'a-t-on pas porté le deuil des chiens (Pas-

« cal en témoigne)? Et aujourd'hui encore, les peuples guer-
« riers n'ont-ils pas pour emblèmes les animaux les plus fé-
« roces de la Création? » Leur histoire, c'est la nôtre; je demande pour eux un droit des gens comme pour l'homme lui-
même, qu'un penseur a prétendu « être tantôt plus et tantôt
« moins qu'eux ».

Ce n'était déjà pas très-poli pour l'humanité; mais voici
venir un autre misanthrope plus original encore, qui lègue
par testament une somme de 3,000 francs à l'Académie, pour
être employée à récompenser l'auteur du meilleur mémoire
sur cette simple question : « Prouver que l'homme n'est pas
« le plus méchant des animaux. » Personne n'a consenti à se
faire l'avocat de cette singulière cause : on a eu tort, il y avait
des chances pour la gagner.

Je ne quitterai pas ce sujet sans le faire servir à l'instruction des chasseurs qui ignorent, beaucoup d'entre eux du
moins, la classification des animaux.

En vénerie, on les divise en bêtes fauves, noires et rousses.
Les fauves sont les cerfs, les daims et les chevreuils, ainsi que
leurs femelles et leurs faons.

Les noires sont les sangliers, les laies et marcassins.

Les rousses sont les loups, les renards et les blaireaux.

Reste donc le lièvre, petit animal de l'ordre des rongeurs
qui, en vénerie, quitte son nom générique pour celui de
lièvre de meute. Quant au lapin, qui personnifie la petite propriété, j'en demande bien pardon à sa chair blanche et savou-
reuse, mais il est classé par les veneurs à côté de la martre,
de la fouine et du putois, la vermine des forêts.

Costume des chasseurs

Au point de vue de l'étiquette, la grande vénerie a ses costumes, ses livrées, ses couleurs obligatoires (1). La petite vénerie ne subit point de pareilles entraves, en théorie du moins, car en pratique elle sent le besoin d'imiter la prévoyance de la nature à l'égard des animaux. Le lièvre des zones glacées devient blanc en hiver, il change de pelage ; le chasseur en change aussi et réglant la couleur de son costume sur celle de la nature, il le rend aussi varié qu'elle.

Hélas ! toute médaille a son revers ; ce qui dérobe le gibier à notre vue produit le même effet sur nous ; de douloureux exemples en témoignent. On se cachait pour surprendre et l'on est surpris dans sa retraite par le coup de fusil de quelque maladroit. En pareil cas, mieux vaut, imitant le stoïcisme du loup, du blaireau et du sanglier blessés, ne pas pousser le moindre cri. Un jour, j'ai eu le malheur de crier au premier coup, et l'on a redoublé.

A propos de coups de fusil distribués un peu trop étourdiment : « Messieurs, nous dit un jour, un jeune chasseur qui voulait faire le grognard, quand je reçois un seul grain de plomb, c'est plus fort que ma volonté, je riposte de mes deux coups » ; et chacun de se regarder et d'introduire, avec un ensemble parfait, la baguette dans le canon.

— « Quoi, vous retirez le plomb?

— Oh ! d'un côté seulement.

— Mais vous introduisez des balles !

— Ne faudra-t-il pas vous achever si l'on a la mauvaise chance de vous blesser?

(1) La livrée des rois de France était bleue, celle des princes de Condé était jaune. Le rouge est la couleur des ducs d'Orléans ; le vert, celle des anciens ducs de Penthièvre. Les veneurs ne pouvaient adopter autrefois aucune de ces quatre couleurs comme fond de livrée.

— Fichtre ! s'écria-t-il, pas de bêtises... c'est une plaisanterie, je n'ai jamais riposté de coups de fusil à personne. »
Le rôle de grognard ne convient pas à tout le monde.

Législation de la chasse

Article unique extrait de l'Écriture : « Ne faites pas à autrui ce que vous ne voudriez pas. . . . . »
Le chasseur consciencieux n'a que faire d'un autre code ; dans
le doute, qu'il s'adresse cette question : Serais-je bien aise
que, sous prétexte de suivre ses chiens ou de relever un défaut, mon voisin vînt lancer chez moi des animaux que je tiens
en réserve ? Évidemment non... La question est résolue, plus
de délits, de rivalité, plus de procès, et nous voilà revenus à
ce qu'on nommait autrefois l'âge d'or, c'est-à-dire le seul âge
où l'or, qui a tout corrompu, n'avait pas encore été inventé.
Par malheur, les choses ne se passent pas toujours ainsi.
Analysons donc un peu plus sérieusement les lois et usages
qui règlent l'exercice de la chasse à courre.

La réunion du chasseur et du chien est inutile pour établir
la constatation matérielle d'un délit, et attendu que, livré à
lui-même, le chien peut tout aussi bien forcer un animal
quelconque que s'il était en compagnie de l'homme, l'absence
de ce dernier ne saurait être considérée que comme une
simple circonstance atténuante.

Un chasseur de ma connaissance, soupçonné à bon droit
de s'égarer trop fréquemment sur le terrain d'autrui, avait
dressé ses chiens un peu à la façon de celui de Jean de Ni-
velle, « qui s'en va lorsqu'on l'appelle », comme dit le proverbe. Les termes d'usage : Ici !... derrière !... tout beau !...
fi ! les vilains !... loin de modérer leur ardeur, les acharnaient
d'autant plus à la poursuite de l'animal. En cas de procès, il

invoquait le témoignage du garde lui-même, qui, rendant toute justice à ses efforts et à ses bonnes intentions, disposait ses juges à l'indulgence. Il faut se mettre en garde contre toutes les ruses.

Les lois qui régissent la matière sont les plus controversées de toutes..., c'est un labyrinthe inextricable, une véritable tour de Babel! on ne s'est jamais entendu; le droit de suite (1), notamment, a épuisé l'éloquence de tous les jurisconsultes sans jeter aucune clarté sur cette question délicate.

Le document le plus affirmatif et le plus authentique à la fois émane de Louis XIV. Le piqueur de *M. Popipon*, étant venu prendre son cerf dans la cour d'honneur du château de Versailles, fut approuvé par le grand roi (2), sur l'assurance qui lui fut donnée que le cerf avait été lancé dans les bois de *M. Popipon* et, distinction plus délicate encore, que la suite n'en avait pas été interrompue (3).

Nonobstant cette décision royale et la faveur avec laquelle les tribunaux l'accueillirent, le droit de suite n'a jamais été, à vrai dire, qu'un droit de courtoisie, dont on ne devait user

(1) On appelle ainsi le droit de suivre sur la terre d'autrui la bête qu'on a levée sur la sienne : hors ce cas exceptionnel, la bête qui change de demeure change de maître.

(2) Louis XIV se montra dans cette circonstance plus libéral que son prédécesseur, Louis-le-Juste, roi chasseur qui admettait le droit de suite, hormis dans les domaines de la Couronne.

(3) Le chasseur qui portait une arme autre que le couteau de chasse perdait par cela même les droits et privilèges affectés à la qualité de veneur. Autrefois la lance, l'épée et le couteau étaient réservés aux seuls gentilshommes, ou hommes de condition libre. Il était défendu aux autres de se servir de ces armes, même pour leur propre défense. J'en conclus que le couteau de chasse ennoblit celui qui le porte : une seule exception toutefois à l'égard de ce grand laquais à riche livrée qui en est la protestation la moins équivoque.

qu'avec la plus grande circonspection à l'égard de ses supérieurs (1).

Bien que nous ne connaissions plus aujourd'hui ni de supérieurs ni d'égaux, cette façon d'agir n'a été abrogée en aucune manière entre gens qui se piquent de quelque savoir-vivre; il est toujours permis, tant que le propriétaire riverain n'y met pas d'obstacles, de suivre la bête de meute hors de son propre domaine, en s'abstenant toutefois... d'appuyer ses chiens... de sonner de la trompe... de relever les défauts... et, recommandation plus expresse encore, de tirer, crainte de soulever au sujet de la bête morte une seconde question tout aussi délicate que la première.

Mais alors, me direz-vous, à quoi donc servent les tribunaux en matière de chasse?... A se contredire, à se déjuger mutuellement et à faire gagner sur un point de la France le procès qu'ils feraient perdre sur un autre.

Mieux vaudrait sans doute, établissant une distinction intelligente entre l'animal forcé par les chiens ou tué par les chasseurs, attribuer le premier au maître de l'équipage et le second au propriétaire du domaine. Ce jugement, qui n'a pas encore été rendu, formerait le premier article de mon code; quant au second, le voici :

Rétablir l'ancien port d'armes; diviser les délits en deux catégories, selon qu'ils sont commis avec ou sans port d'armes.

Dans le premier cas, l'amende pure et simple;

Dans le second, l'amende et la confiscation.

La loi actuelle prononçant la confiscation de l'arme dans

______

(1) En pareil cas, le maître de l'équipage se faisait excuser par son premier piqueur : il était même bienséant, lorsque l'hallali avait lieu sur le terrain d'autrui, d'envoyer au propriétaire le pied droit de la bête en signe d'hommage.

tous les cas (on sait quelle arme on dépose au greffe), je demande quel intérêt peut avoir le délinquant à acquitter le montant de son permis de chasse?

Le jour où le législateur admettra cette double distinction, il moralisera la chasse et remplira les coffres de l'État, car l'impôt sera doublé (1).

Hélas! la passion aidant, il est peu de chasseurs à l'abri de délits (2), qui, fort heureusement, se règlent sans l'intervention des tribunaux; mais il en est d'autres plus préjudiciables à leurs plaisirs, dont ils doivent prendre également leur parti. Pas un être, depuis l'éphémère jusqu'à la baleine, qui n'ait son ennemi : le chasseur a le braconnier. Cette qualification était donnée autrefois à l'homme chargé de dresser les chiens *bracs*, d'où est venu le mot braconnier; c'était dans l'origine une fonction honorable; les ordonnances du temps placent le braconnier sur la même ligne que le *fauconnier*, le *loutrier*, le *louvier* et le *perdrisseur*. Le braconnier est un ancien serviteur dont la passion a perverti le caractère; usons donc d'indulgence à son égard, et rappelons-nous cette chrétienne pensée de Vauvenargues : « On n'a pas le droit de rendre malheureux ceux qu'on ne peut pas rendre bons. » Constatons seulement que la charge de braconnier a existé,

---

(1) Autre idée : pourquoi ne pas assimiler le permis de chasse entouré de tant de garanties d'identité et de moralité au passe-port à l'intérieur? On regretterait d'autant moins les vingt-cinq francs, prix du permis de chasse-passe-port, qu'il serait, je tiens à compléter ma pensée, dispensé de toute formalité de visa dans les villes de l'intérieur, faveur qu'on ne saurait payer trop cher.

(2) Les délits de chasse conduisent forcément les contrevenants devant la police correctionnelle et donnent lieu à la confiscation de l'arme. Plaidez ou ne plaidez pas, c'est un prix fait, comme celui des petits pâtés. Toutefois, il est bon de savoir qu'on peut porter, en voyageant sur la grande route, un fusil ou toute autre arme apparente pour sa défense personnelle, sans être muni d'un permis de chasse.

et qu'elle est tombée en désuétude depuis que les chasseurs
se sont chargés eux-mêmes d'en occuper l'emploi (1).

Autrefois, dans plusieurs pays, et notamment en Flandre,
le jour de la saint Hubert, tout le monde était libre de chasser, c'était la fête des braconniers; on en a fait depuis la fête
des chasseurs.

— « Jean, dit un jour le duc de Bourbon à un de ces incor-
rigibles pirates de ses bois, je t'ai fait grâce vingt fois... Il
faut en finir avec ta vie vagabonde, je t'en offre l'occasion :
veux-tu devenir mon garde?

— Ce serait avec plaisir, prince, répondit le braconnier,
mais...

— Quoi, mais?... Tu chasseras à ton aise.

— J'entends bien..., mais...

— Mais... mais... achève.

— Mais je ne pourrai plus braconner... », et il refusa. Le
braconnier, c'est la morale de cette histoire, doit mourir braconnier.

L'amende, la prison, la peine de mort, alors même qu'elle
était appliquée sans rémission à celui qui tuait une pièce de
gibier dans les plaisirs du roi (témoin ce pauvre diable qui
ne parvint à sauver sa peau, qu'en prétextant qu'il avait cru
tirer sur un homme, ce qui fut admis comme circonstance atténuante), toutes ces rigueurs, dis-je, n'ont pas plus remédié
au braconnage que les peines infamantes et corporelles in-
fligées aux duellistes n'ont extirpé le duel de nos mœurs.

Toutefois, il est permis de combattre le braconnier à l'aide
de ses propres armes. S'il pose des collets, arrachez-les; si

______

(1) Henri II rendit une ordonnance qui réglait la vente du gibier dans les mar-
chés à un prix tellement modéré que le nombre des braconniers en fut considéra-
blement amoindri.

vous remarquez à quelque distance du bois un buisson isolé pouvant servir d'affût, enlevez-le; bouchez les coulées fréquentées, chassez les animaux des enceintes les plus accessibles; au besoin faites cadeau à votre garde des *Ruses du braconnage*, qu'un vieux garde, du nom de *Labruyère*, a écrites à son intention.

On met sur le compte des braconniers passés, présents et futurs les méfaits de tous les carnassiers, grands et petits. Le loup, le renard, la martre, la fouine, le putois et les oiseaux de proie sont encore plus malfaisants. Si donc votre garde en opère la destruction, si, pénétré de l'importance de ses devoirs, il exerce une surveillance active, varie ses heures de sortie..., ne compromet sa dignité ni la vôtre dans aucun conflit regrettable..., possède les connaissances nécessaires à la propagation des animaux... (1); si, dis-je, il a de la tempérance et de la probité, je saluerai en lui le type le plus parfait des gardes, lors même qu'il laisserait quelques délits impunis. Ceux qui sont trop méchants sont forcés d'avoir trop d'esprit.

— « Savez-vous bien, père Gauthier, disait un rabatteur à un garde ivrogne et farouche, qu'on vient de découvrir dans une marnière le squelette de ce vieux braconnier qui a disparu il y a quelques années... C'est bien lui, nous avons reconnu dans les lambeaux de sa gibecière la fiole encore remplie de genièvre, qu'il portait toujours sur lui... Vous pour-

---

(1) Un garde, et cela s'applique également au chasseur, doit savoir dépouiller proprement les animaux grands et petit, depuis le cerf jusqu'à la fouine; préparer la curée, saigner les chiens malades, confectionner les piéges, etc., etc... On comprend la difficulté de rencontrer un homme possédant des connaissances aussi variées. Une fois de plus, me faisant l'interprète de la loi, je rappelle aux gardes, entraînés par un excès de zèle, qu'ils ne doivent jamais essayer de désarmer un chasseur, voire un braconnier : c'est une voie de fait qui leur est interdite. Ce qu'ils peuvent faire, c'est de consigner au procès-verbal que le délinquant était armé d'un fusil, et qu'ils en opèrent la saisie entre ses mains, pour en rester dépositaire et avoir à le représenter.

riez bien avoir quelques démêlés avec la justice à cette occasion.

« — Imbécile, répliqua le garde, si je l'avais tué aurais-je laissé une seule goutte dans sa fiole? »

C'était sans réplique, et on ne s'occupa plus de cette affaire. D'ailleurs personne n'est exempt d'être soupçonné : Caton, le plus honnête homme de son siècle, fut bien accusé quarante-deux fois..., il est vrai qu'il fut absout quarante trois..., une fois de plus par l'opinion publique; cela le consola.

En résumé, le choix du garde ne fait pas l'objet de la plus légère difficulté. Êtes-vous un vieux praticien, prenez un jeune garçon intelligent et passionné que vous dresserez... En êtes-vous à vos débuts, faites choix d'un vieux garde qui vous dressera vous-même.

Jeune chasseur et vieux chien : jeune chien et vieux chasseur; les proverbes ont toujours de l'actualité.

Armement des chasseurs

On voit à Anvers un tableau représentant le sacrifice d'Abraham. Cet obéissant serviteur de Dieu est sur le point d'accomplir l'ordre qu'il a reçu de tuer son fils..., *d'un coup de fusil.* A la bonne heure, voilà ce qu'on appelle un anachronisme armé de pied en cap.

Il ignore, j'en suis certain, cet honnête chasseur, heureux propriétaire d'un arsenal complet, qu'un édit de 1558, il y a moins de trois cents ans, défendait sous peine de mort, *à tous autres que gens de guerre,* de porter des armes ou d'en recéler dans leur demeure : il est vrai que cet édit fut modifié, en ce sens, qu'on ne pendait plus qu'en cas de récidive.

Singulier rapprochement! c'est précisément à la date de cet édit qu'il faut faire remonter le perfectionnement de tous les pièges ; si bien que les mêmes peines furent appliquées plus tard aux porteurs d'*engins malfaisants*, sans diminuer en rien le nombre des braconniers. Les lois contre la chasse et contre l'usure n'ont eu d'autre effet que d'en élever le taux : on a payé plus cher les écus et le gibier, voilà tout.

Je me suis tellement étendu dans le *Chasseur rustique* sur les armes, qu'il me suffira, pour compléter ce chapitre, de bien préciser ce qu'on entend par une arme de précision. Rigoureusement parlant, c'est un fusil ou une carabine à canon rayé, garni d'une hausse (alidade ou visière), et comportant un projectile sphérique ou allongé.

Aux temps de la splendeur de la vénerie, jamais on n'aurait songé à servir la bête, cerf ou sanglier, autrement qu'à l'aide du classique couteau de chasse ; c'est seulement sous le règne de Louis XIV, qu'abrogeant cet usage, on a adopté la carabine, innovation d'ailleurs pleine d'humanité et qui simplifie le drame de l'hallali, autrefois si funeste aux hommes et aux chiens.

Cette carabine, portée par le piqueur à l'arçon de sa selle ou à la botte, ne dispense pas du couteau de chasse, à la fois une arme et un ornement ; elle en dispense d'autant moins, que beaucoup de veneurs, appréhendant l'emploi prématuré de l'arme à feu, n'en continuent pas moins à servir l'animal comme par le passé, à l'aide du classique couteau de chasse. Il est vrai qu'on a vu des animaux se relever victorieusement d'un hallali par terre, éviter le coup de grâce, se débarrasser des chiens et finalement échapper à la mort : c'est cette rare chance de salut que des veneurs tiennent à leur conserver.

Le chasseur à courre et à tir, je l'ai déjà fait pressentir, n'estime que le fusil ordinaire, à canons lisses, aussi facile à charger qu'à décharger, et dont la précision relative suffit à tous ses besoins. Il reste fidèle à son arme par habitude, sorte de fidélité très en vogue de nos jours. Néanmoins, j'approuverais le luxe raisonné de celui qui ferait exceptionnellement usage d'un fusil à deux coups dont un des canons serait rayé. La justesse et la pénétration sont les deux éléments qui concourent le mieux au succès.

Feu Delegorgue, mon ami, le spirituel, véridique et enthousiaste explorateur des pays lointains, l'intrépide chasseur d'éléphants, Delegorgue, dont nous avons récemment déploré la perte, avait toutes ses armes à ce système mixte, et l'on sait tout le parti qu'il en a tiré. Jules Gérard! le grand Gérard, dont l'adresse est la part la plus infime de sa gloire, n'en emploie pas d'autres à la chasse des grands carnassiers. Puissent les chasseurs, éclairés par de tels exemples, adopter quelques-uns des perfectionnements que je signale, et au nombre desquels figure en première ligne la balle cylindro-conique (1)!

Le chasseur n'ignore rien de cela; mais, routinier de sa nature, il tient à ses habitudes, à ses vieux errements... Il a été le dernier à adopter le fusil à percussion, et il sera le dernier à céder aux nouveaux progrès. Son arme, quelque défectueuse qu'elle soit, n'en est pas moins son amie, son amante; or, l'amie et l'amante peuvent impunément trahir quelquefois; on ne voit pas les défauts de ceux qu'on aime.

Si je ne craignais de me montrer par trop élémentaire dans mes prescriptions, je recommanderais aux chasseurs de finir par où ils auraient dû commencer, et d'étudier avant tout la charge qui convient le mieux à leurs armes.

Un tireur s'exerçait à balle sur une plaque.

— « Quelle est la charge de votre fusil? lui demandai-je.

(1) La question des projectiles a subi de grands perfectionnements : on fait aujourd'hui des balles à pointe d'acier qui percent des plaques de tôle de cinq centimètres d'épaisseur; des balles obus, puis encore des balles incendiaires et empoisonnées. A la rigueur, on pourrait faire sauter en l'air un sanglier comme on ferait sauter un bastion. En tout cas, ce sont des balles peu courtoises.

— Environ cinquante-cinq grains (3 grammes) de poudre.

— Vos balles ne sont pas même aplaties...

— C'est que je n'en mets pas encore assez.

— M'est avis que c'est le contraire. »

Je charge moi-même son fusil, j'emploie moitié moins de poudre, mais je la comprime mieux; en un mot, j'intercepte le passage des gaz à l'aide d'une bourre grasse, élastique, et... je brise la plaque du premier coup.

La poudre est un des éléments de la portée, rien de plus. Règle générale, ne soumettez pas vos armes à de trop rudes épreuves... Les armes sont comme les amis (1).

A ce sujet j'engage les chasseurs à méditer l'excellent *Traité du fusil de chasse*, dû à la plume de M. *Mangeot* (2), le célèbre arquebusier de Bruxelles.

Une étude approfondie, une argumentation claire, précise, un style simple, élégant et facile; tels sont les titres qui distinguent ce charmant ouvrage, le plus complet de ceux qui ont paru jusqu'à ce jour.

Noble passion de la chasse! tu as donné la vie au monde, tu l'as civilisé... mais la civilisation te tuera pour te faire renaître de tes cendres. Un chasseur *digne de foi* m'a affirmé que la chasse était encore plus belle avant qu'après le déluge; espérons dans quelque cataclysme.

Le général Daumas, dont le nom a eu tant de retentissement en Afrique, raconte qu'un chiky était assis au milieu d'un groupe nombreux, quand un homme qui venait de perdre

(1) Les fusils portent évidemment la balle mieux les uns que les autres; plus le projectile est pressé par les parois du canon et plus il porte juste; mais il n'en est pas de même du menu plomb, et je persiste dans cette opinion : *que tous les canons de fusil ont une égale portée, quand ils ont la même longueur, la même épaisseur, et lorsqu'ils comportent une charge égale.* Les effets d'ailleurs sont si variés, à chaque coup, qu'on ne peut compter que sur une régularité relative. Tous les praticiens en ont décidé ainsi.

(2) *Traité du fusil de chasse* (Bruxelles).

un âne se présenta à lui, demandant si quelqu'un avait vu
l'animal égaré. Le chiky, se tournant vers ceux qui l'entou-
raient, leur adressa ces paroles : « En est-il un seul d'entre
vous à qui le plaisir de la chasse soit inconnu, qui n'ait jamais
poursuivi le gibier, au risque de se blesser ou de se tuer,
dans des ravins profonds? »

Un des auditeurs répondit : « Moi, je n'ai jamais rien fait
ni rien éprouvé de ce que tu dis là. »

Le chiky alors regarda le maître de l'âne. « Voici, dit-il, la
bête que tu cherches, emmène-la! »

Si jamais je vais en Afrique, je visiterai bien certainement le
chiky; c'est mon homme : nous nous entendrons parfaitement.

CHAPITRE II

LES CHIENS COURANTS

Le chien courant est au chien d'arrêt ce que le chasseur au bois est au chasseur à la plaine; c'est-à-dire que le chien courant est infiniment plus rustique, et qu'il a le sens de l'odorat infiniment mieux développé. Cette supériorité tient à la différence de son hygiène, à sa vie plus sobre, plus régulière, à la fréquentation des bois et au contact moins permanent de l'homme, dont il ne partage pas l'habitation au même titre que le chien d'arrêt.

Laissons donc de côté toutes les fictions mythologiques, depuis le chien d'airain, forgé et animé par Vulcain, jusqu'aux races créées par Latone, Diane (1), Apollon, etc., etc., et ne nous occupons que du véritable chien en chair et en os.

L'arbre généalogique de la race canine n'a qu'une seule souche : le chien sauvage, représenté à notre époque par le chien de berger, celui de tous qui s'en rapproche le plus. Quatre branches principales indiquent les quatre races primitives (2) : le croisement de ces races a produit tous nos chiens courants.

Chaque nationalité a ses héros en chiens comme en hommes ; le goût et le caprice en décident tout autant que la raison. La Normandie, le Poitou, le Maine, la Saintonge, l'Anjou, la Vendée, etc., s'enorgueillissent de posséder la pure race de chiens courants français, nonobstant la diversité de leurs types : chiens au corsage mince, élancé, ou râblé et épais ; chiens mouchetés et unicolores, bleus et noirs (ancienne race dite de saint Hubert), grands et petits, modifiés enfin selon les besoins, la nature du pays, le climat et la chasse des animaux auxquels on les destine. Ce qui n'empêche pas les bons chiens d'être réputés bons en tous pays, les plus lents comme les plus vites ; les premiers affectés à la chasse à courre et à tir ; les seconds à la chasse exceptionnellement à courre.

Les plus estimés parmi les chiens d'ordre, de haute taille, au poil rude ou soyeux, blanc ou fauve, sont, avec les purs normands et anglais, les produits de ces deux races mêlées

---

(1) Le premier chien de chasse des anciens a été le lévrier, de couleur fauve. Nous le retrouvons comme attribut de Diane dans tous les groupes antiques.

(2) On connaissait anciennement quatre races de chiens courants : l'une noire, avec des taches de feu aux extrémités et sur les yeux, d'une taille moyenne, ayant beaucoup de nez et peu de vitesse ; la deuxième blanche, plus grande, plus forte et plus légère, mais moins docile et moins fine que la première ; la troisième, qu'on dit avoir été ramenée d'Orient par saint Louis, se composait d'individus gris, hauts sur jambes, à oreilles longues, ayant beaucoup de vitesse et de fougue, mais peu d'odorat ; la quatrième, créée sous Louis XII, par l'accouplement d'une chienne braque et d'un chien de race blanche, se distinguait par un poil blanc, marqué de taches fauves ou marron. (Baudrillart.)

ensemble. J'ajouterai même que des veneurs, dont l'opinion n'a pas cessé de faire autorité, reprochant aux races primitives de rester trop collées à la voie et de ne pas bricoler assez, donnent la préférence à des chiens plus croisés encore, moins vites il est vrai que les anglais, mais mieux gorgés et plus rustiques qu'eux.

Puis apparaissent dans l'ordre hiérarchique d'autres types, qui fort heureusement ne sont pas à dédaigner. Tels sont, parmi les demi-briquets, les petits hurleurs (1), race particulière à la Franche-Comté et à la Bourgogne, les bassets (2) à jambes droites et torses, les bigles (3), les mâtins, les lévriers et les dogues, ainsi que les bâtards de leurs bâtards. Une seule exception toutefois à l'égard des chiens aux jambes trop longues et aux pattes trop grosses, la seule que je me permette; il ne faut pas se montrer trop exigeant.

Qui donc peut se vanter d'avoir dans cette vie le choix, même de ce qu'il possède? Pensons-nous choisir davantage nos amis et nos ennemis?... Erreur; nous sommes choisis par eux; il en est ainsi de toute chose.

La première condition pour un seul chien est évidemment d'être le meilleur possible; dès qu'il s'agit de plusieurs, c'est d'être du même pied; toutes les perfections de race, de forme, de pelage, de facultés même s'effacent devant cette dernière et impérieuse considération. Finalement tout chasseur peut avoir un bon chien, mais bien peu de chasseurs sont fondés à dire qu'ils possèdent une bonne meute. C'est encore moins une question de fortune que d'intelligence et de passion.

(1) Aboiements convulsifs d'une note très-élevée.

(2) Le basset, le plus lent de tous les chiens de chasse, est reconnaissable à son corsage long, à ses pattes courtes et torses (pour l'espèce que ce signe concerne), à l'ampleur de ses reins et à ses oreilles pendantes. C'est le plus rustique des chiens; il s'adonne volontiers à la chasse de tous les animaux.

(3) Petits chiens courants que les Anglais affectent à la chasse du lièvre.

Les chiens dits de vitesse, tels que les lévriers, remplissent dans les grands équipages un rôle tout spécial.

La seule instruction donnée aux lévriers, chiens sans odorat, dont le sens essentiel est la vue, consiste à les habituer à marcher à la harde, rien de plus ; on les découple sur le passage de l'animal, loup ou sanglier, à sa sortie du bois et le plus près possible. Quant à leur faire courir le lièvre, ce dont ils ne s'acquittent que trop bien, la loi a heureusement prononcé une interdiction, qui a enlevé à l'esprit de braconnage un de ses plus puissants éléments. Ne réveillons pas le lévrier qui dort.

Le lévrier a donc été réformé, mais à l'égard du lièvre seulement, car il ne faudrait pas donner à cette mesure conservatrice une signification exagérée. Les chasseurs n'en sont pas moins libres d'employer, comme par le passé, ce chien à la poursuite de tous les autres animaux.

Toutefois, s'il prenait envie à quelque historien de prononcer l'oraison funèbre du lévrier, consultant les annales du sport anglais, il y puiserait de nobles et précieux renseignements : là figurent, à côté de la race chevaline, des chiens célèbres couronnés dans de nombreuses courses et sur lesquels les *sportmen* engagent tous les jours des paris considérables (1).

La vitesse du lévrier est une bonne recommandation sans doute, mais elle ne suffit pas toujours : l'art et la science triomphent dans ces courses, comme dans toutes les luttes, des facultés naturelles. Il est vrai qu'il s'agit, ce qui complique la question, de réduire et de happer un lièvre, à qui l'on a donné, sur un terrain loyalement accidenté, une avance déterminée (100 mètres environ).

(1) La course aux lévriers (*coursing*) était déjà de mode en Angleterre sous le règne d'Élisabeth. Les règlements institués par le duc de Norfolk sont encore en vigueur.

D'ordinaire deux concurrents sont engagés ; ils s'élancent ensemble, et durant les phases de cette course ou de cette chasse, les juges inscrivent au crédit de chaque chien les incidents favorables qui se produisent. Ainsi le lévrier assez heureux ou assez habile pour contraindre le lièvre à faire un crochet, gagne, selon la manière dont il l'a distancé parallèlement avant de se rabattre sur lui, une série de points qui, supputés après la course, décident de la victoire.

Les chiens de force (dogues et mâtins) ne servent qu'à coiffer les grands animaux ; on les fait donner également dans un à vue, mais seulement après que les lévriers, tenus séparément à la harde et découplés les premiers, sont parvenus à arrêter la bête.

Le limier qui détourne l'animal, la meute qui le chasse, les relais qui hâtent l'instant de sa mort, sont naturellement choisis parmi les espèces dont les facultés et le caractère se prêtent le mieux à ces diverses fonctions.

Le Limier

Premier chien de l'équipage et destiné à détourner les grands animaux, le limier opérant avec lenteur et réflexion, peut être impunément lourd et épais ; les qualités qu'on exige de lui sont la taille, soixante centimètres (environ vingt-deux pouces), la force, l'audace, l'obéissance et un mutisme absolu ; c'est le chien le plus considéré de l'équipage. Autrefois, les meilleurs limiers étaient choisis parmi les purs normands.

La grande difficulté étant d'empêcher que ce chien ne se rabatte indistinctement de toutes les voies, on entretient dans les grands équipages un limier pour chaque espèce d'animal. Luxe obligatoire sans doute, mais si peu à la portée du modeste chasseur à courre et à tir, que je ne l'aurais mentionné que pour mémoire, si le louvetier, ce chasseur rustique et officiel entre tous, n'était tenu par la nature de ses fonctions d'entretenir tout au moins un limier pour loup).

C'est donc sur l'éducation de ce chien que nous nous étendrons plus particulièrement au chapitre *du loup*, engageant ceux de nos lecteurs qui voudraient compléter leur instruction, à consulter dès à présent les ouvrages des auteurs les plus compétents (1).

Peu jaloux du titre exclusif de veneurs, les chasseurs ne savent pas ce que c'est que de détourner un animal conformément aux règles de la vénerie. D'ordinaire ils procèdent un peu à la façon des braconniers, en faisant sans chien et sans bruit le tour des enceintes; mauvaise besogne, praticable tout au plus en temps de neige, et qui (on récolte ce qu'on a semé) produit plus de faux rembuchements que de vrais (2). D'autres, et c'est le plus grand nombre, se contentent de fouler le bois au hasard avec leurs chiens.

Si le choix du limier exige déjà un coup d'œil tout particulier, son instruction commande une persévérance et une douceur que le contact de chiens, parfois hargneux, ne concède pas toujours. L'homme a d'excellentes raisons pour faire excuser sa brutalité.

La Meute

On entend par meute la réunion de plusieurs chiens courants, formant en quelque sorte le corps de bataille d'une armée dont les relais sont la réserve.

(1) Hartig, Leverrier de la Conterie et Baudrillart donnent d'excellents préceptes sur la manière de détourner les grands animaux, tels que cerfs, sangliers, daims et chevreuils; les renards, les blaireaux et les lièvres ne se détournent pas.

(2) Rentrée du cerf ou de tout autre animal dans son fort.

Destinée à tenir la voie depuis le lancé jusqu'à l'hallali (la mort), la meute se compose naturellement des chiens qui ont le plus de fond, de vigueur et de vitesse; non-seulement ils doivent être du même pied, mais en les appareillant, on doit faire en sorte que le meilleur chien puisse toujours tenir la tête, sans se forcer. — Une boutade philosophique : on appareille bien les chiens, pourquoi ne pas chercher également à appareiller les hommes?

On la découple d'ordinaire sur la voie (1), à l'une des brisées (branches d'arbre rompues) que le garde, en faisant le bois, a placées par les chemins, pour indiquer la rentrée de l'animal dans son fort : de là est venue l'expression *frapper aux brisées* (2).

Dans les grands équipages on exige que tous les chiens soient, autant que possible, de la même taille, savoir : soixante centimètres pour cerfs et sangliers, et environ cinquante-deux centimètres pour daims, chevreuils et lièvres.

Modifiant cette règle avec intelligence, le modeste chasseur se contente d'une taille bien inférieure, sans en excepter la plus minime. Il y a parmi les chiens, comme parmi les hommes, des grenadiers et des voltigeurs; ces derniers valent tout autant que les autres; ils mangent moins et font d'aussi bonne besogne. Cette pensée console le chasseur des inégalités de la fortune, en lui faisant entrevoir dans la possession de quelques bassets toutes les béatitudes cynégétiques, non en rêve, mais en réalité, attendu que tout animal chassé règle sa vitesse sur le nombre et sur la vitesse des chiens.

(1) Dans les grands équipages on fait ce qu'on appelle dresser la voie, synonyme de mettre sur pied, par quelques vieux chiens d'attaque trop lents pour tenir aux relais.

(2) La brisée est double pour cerf et simple pour biche, etc., etc... On dirige le gros bout de la brisée vers la direction suivie par l'animal.

Les noms de chiens courants accrédités par l'usage sont
courts et sonores :

> Briffaut,
> Bellant,
> Finant,
> Coquette,
> Vitesse,
> Nicamor,
> Polidor, etc., etc.

On devine que les poëtes et les trouvères ont été leurs premiers parrains : voilà, j'espère, des rimes assez riches. Il est
vrai que bêtes et hommes les confondent. N'importe, l'usage,
ce despote dont on subit la loi, en a décidé ainsi et les noms
resteront les mêmes.

Un chasseur de ma connaissance, simplifiant étrangement
la question, a donné à ses chiens de simples numéros d'ordre
auxquels ils répondent comme à leurs noms propres, mieux
encore peut-être. Exemple : après une absence de trente-cinq
ans, je retourne un jour dans un de ces petits restaurants
aquatiques du pays latin, si connus des étudiants en droit :
C'est monsieur 27! s'écrie le vieux garçon en m'apercevant;
il n'eût certes pas aussi bien retenu mon nom.

Heureusement ces détails n'ont aucune importance. Les
chiens, ainsi que je vous l'ai déjà dit, ne se préoccupent que
de la seule intonation; pour eux l'air, c'est le cas de le dire,
fait la chanson.

En France les chiens blancs sont les plus estimés des chasseurs à courre; d'abord parce qu'ils sont blancs, et ensuite
parce qu'on les croit plus résistants à la fatigue et à l'ardeur
du soleil. En Angleterre, on donne la préférence aux chiens
gris. (Ne pas confondre avec la race ramenée d'Orient par
saint Louis.)

Les qualités d'un chien courant ne sont pas plus appré-

ciables à l'œil que celles d'un chien d'arrêt; toutefois il est
des indices que recommande l'expérience. Chaque écrivain, il
est vrai, a tracé à sa manière le portrait plus ou moins flatté
d'un type unique; on remplirait des volumes de ces descrip-
tions controversées. Dans la crainte d'ébranler la foi de mes
lecteurs, je me garderai bien de les mettre sérieusement en
regard les unes des autres; cependant je me permettrai d'appuyer mes scrupules sur quelques citations.

Xénophon, après avoir fait le portrait d'un parfait chasseur
qui, selon lui (mon amour-propre de Gaulois s'en indigne),
doit toujours être *grec* de naissance, passant à celui du chien,
conclut ainsi : « Qu'il soit petit, camus, myope, laid et bien
« en gueule. » Adorable expression rachetant tout le reste !

Oppien, plus expert en poésie qu'en histoire naturelle, se
montre plus héroïque et plus exigeant encore :

« Si vous mettez vos soins à élever de jeunes chiens (1), ne
« permettez pas qu'ils sucent la mamelle d'une chèvre, d'une
« brebis ou d'une chienne domestique; ils deviendraient pe-
« sants et n'auraient aucun courage. Qu'ils tettent plutôt *une*
« *biche, une louve ou une lionne...* » Puis vient le portrait d'un
chien si beau !... si beau ! que je craindrais en le reproduisant
de faire des jaloux, non parmi les chiens, mais parmi les
hommes.

Choisissons donc entre tous ces spécimens celui dont la
justesse, la clarté et la simplicité nous ont paru devoir méri-
ter la préférence (2) :

« Il faut que le chien courant ait la tête bien attachée, et

(1) Jérôme Frascator, autre poëte, indique une manière *toute simple* de distinguer les meilleurs chiens d'une portée. Que n'est-elle vraie ! « Feignez, dit-il, de
« mettre en danger la postérité naissante, et vous verrez la mère courir au secours
« des plus braves. »

(2) Extrait du *Dictionnaire des chasses*, par Baudrillart et de Quingery; ce dernier était chef de division à l'administration de la vénerie de S. M. Charles X.
Cette description est, selon moi, bien supérieure à celle de Buffon, non quant à la
forme, mais quant au fond.

« plus longue que grosse, le front large, l'œil gros et gai, les
« naseaux ouverts et humides; l'oreille mince, large, tom-
« bante, plus longue que le nez (1); le corps d'une grosseur
« proportionnée à sa longueur; les épaules ni étroites ni
« charnues, les hanches hautes et larges, la queue forte et ve-
« lue à son origine, longue, déliée, presque dégarnie de poil
« à son extrémité et recourbée d'un demi-cercle; la cuisse
« bien troussée et gigotée, le jarret droit, la jambe nerveuse,
« le pied petit, sec et pointu, les ongles gros et courts. Il doit
« être en général plus haut du derrière que du devant; les
« chiens qui ne sont pas conformés ainsi courent mal et ne
« sont bons qu'à faire des limiers. »

Voilà bien le portrait de l'Apollon des chiens : cherchez-le,
trouvez-le, et priez le bon Dieu de faire que ce ne soit pas une
rosse bonne tout au plus à figurer dans un tableau.

Autre portrait : La taille ni trop grande, ni trop petite; une
juste proportion dans toutes les parties du corps..., le nez
long..., les tempes non enfoncées..., les sourcils comme
deux lignes..., les yeux bleus, grands et à fleur de tête..., le
regard doux..., le pied petit..., la robe blanche, etc.... Je pen-
sais comme vous qu'il s'agissait encore d'un chien : erreur;
l'auteur irrévérencieux m'apprend que c'est le portrait d'une
jolie femme.

Si l'on m'avait chargé de poser les conditions du programme, j'aurais conclu à ce que le meilleur chien fût réputé
en tout pays le plus beau (2), abstraction faite des symptômes
les mieux accrédités. On ne croit plus à la race pour les

(1) En Angleterre on est encore dans l'usage de raccourcir les oreilles des chiens
courants pour les préserver des chancres. C'est une profanation qui ne préserve
de rien. A ce sujet je rappellerai aux chasseurs que le calomel délayé dans l'huile
est un remède autrement efficace.

(2) Une seule réserve toutefois à l'égard des chiens au pelage fauve ou marron
clair. Dans un temps donné, grâce à l'étourderie des chasseurs, c'est un brevet de
mort. Les veneurs ne chassant qu'à forcer ont le choix de toutes les nuances.

hommes, les chiens ne doivent pas être traités plus favorablement.

Que ceux qui attachent plus d'importance que moi à l'uniformité lui fassent dans une certaine mesure toutes les concessions possibles, je le trouve bon, mais que, pour Dieu, la forme n'entraîne pas le fond!

Il en est un peu des grands équipages comme de ces régiments de cavalerie, coquets et privilégiés, qui, forcés d'avoir tous leurs chevaux d'une robe uniforme, finissent, faute de choix, par ne plus recruter que des rosses.

Si je me montre un peu trop libéral envers ce qu'on est convenu d'appeler la perfection physique, et tant soit peu incrédule à l'égard de son influence sur les facultés, je rentre immédiatement dans mon rôle dès qu'il s'agit de déterminer les qualités qui constituent le bon chien courant, observé isolément ou collectivement, ce qui n'est pas synonyme.

Suivez bien ce raisonnement : sur une meute de vingt-cinq chiens, vingt-trois apportent, il est vrai, leur contingent de vitesse et de bruit; mais deux seulement, notez-le bien, chassent dans la véritable acception du mot (1). Le chien le mieux créancé, celui qui a la confiance de la meute, en est le capitaine, les autres ne sont que les soldats, ils le suivent, qu'il ait raison ou tort. Quand le chien de tête empaume le change, comme on empaume la bonne voie, la meute ne se permet pas la plus légère observation; aussi confiants que leurs chiens, les chasseurs ne s'aperçoivent pas toujours à temps de la méprise et pour peu que cela se renouvelle deux ou trois fois dans la même chasse, le *buisson creux* apparaît à l'horizon avec toutes ses épines.

J'avais un petit basset qui tenait toujours la tête sur mes

(1) Cette opinion fera bondir d'indignation les veneurs qui ont la prétention de posséder des meutes exceptionnelles; s'ils ne sont pas dans le cas prévu, je les en félicite et me récuse, à grand renfort de coups de chapeau; ils ont droit à cet honneur ainsi que leurs chiens!

briquets; il n'allait pourtant pas aussi vite qu'eux, mais ces derniers ayant toute confiance en lui réglaient tacitement leur course sur la sienne, afin de lui conserver la tête de la colonne. Les chiens se jugent entre eux comme les hommes, et la meilleure preuve de ce que j'avance, c'est que dans les défauts ils ne font pas la moindre attention au rabâchage des chiens qu'ils n'estiment pas, tandis qu'ils se rallient au plus léger coup de gorge de tel autre, fussent-ils en pleine chasse. Règle qu'ils modifient encore et d'eux-mêmes avec un tact merveilleux selon la bête de meute; on dirait qu'ils se font ce raisonnement : « Notre camarade Ramonaut est bon sur le chevreuil, mais il ne vaut rien sur le sanglier. »

Le petit chasseur, mon type, mon héros! heureux propriétaire de trois ou quatre chiens, exige de chacun d'eux des preuves évidentes de son savoir; dans ce but, il les instruit séparément, de manière à avoir tous chiens de tête habitués à chasser seuls et à se suffire eux-mêmes.

Il est des races plus légères les unes que les autres. La taille, le jarret, l'ardeur, la fougue, la santé, établissent entre elles des différences notables. La grande vénerie recherche les plus vites, la petite donne la préférence aux plus lents; mais, attendu que ces derniers tiennent d'ordinaire des voies moins chaudes, ils sont dans l'obligation d'avoir plus de sûreté encore. S'ils rapprochent un peu moins la bête de meute, et si celle-ci abuse du droit qu'elle a de se forlonger (prendre de l'avance), du moins a-t-elle plus rarement recours à ces grands partis qui, vers la fin de la chasse, distancent les chasseurs pédestres et sauvent la bête.

Point d'exception, je le répète, même à l'égard des chiens de la taille la plus minime, que je crois par compensation tout au moins aussi courageux et aussi entreprenants que les grands. De tous les termes de comparaison le seul qui ren-

ferme une idée d'affection et de tendresse est le mot *petit*.
Ainsi l'on dit, et toujours en bonne part : Une charmante petite femme..., un petit César..., un petit ange..., tandis qu'on
n'oserait jamais dire : une charmante grande femme..., un
grand ange..., etc., etc. J'en demande pardon aux tambours-
majors de l'un et de l'autre sexe.

LE RELAIS

Harde de chiens tenus en réserve pour être découplés sur
la voie de l'animal. Chaque relais doit comprendre un ou deux
chiens bien sûrs qui mènent les autres.

Formé, non des chiens les plus vites, mais des meilleurs de
tout l'équipage, le relais imprime une nouvelle impulsion à
l'attaque et contraint la défense à user des mêmes armes. S'il
aide à réduire la bête, il l'entraîne par un effort désespéré au
delà de ses voies ordinaires; de là son peu de faveur auprès
des chasseurs à courre et à tir qui, voilà le point délicat, n'ont
que deux jambes pour en forcer quatre.

Il n'est pas accordé au premier venu de savoir faire donner
un relais à propos; de cette parfaite entente dépend tout le
succès de la chasse. En effet, si l'on découple de trop loin sur
le passage de la bête, on risque de rendre le relais inutile,
ou de faire bondir le change dans l'espace qui sépare le relais
de la meute. Mieux vaut donc attendre pour découpler (1) que
le gros de la meute soit passé, sans tenir aucun compte des
traînards.

La petite vénerie ne fait usage que de relais volants, tenus

(1) Les meilleurs chiens de la harde doivent être découplés les premiers : lorsqu'on remarque un chien un peu trop étourdi, on le retire des relais pour le remettre au corps de meute.

à la harde et accompagnant de loin la chasse, au lieu de l'attendre sur un point déterminé.

Nous réservant de traiter au chapitre qui concerne la quête de chaque animal toutes les questions élémentaires et autres, nous n'entendons ne nous occuper ici que de la formation matérielle de l'équipage.

Il est encore une autre espèce de chien, en grande faveur auprès des chasseurs, mais dont le rôle tout exceptionnel semble bien à tort pouvoir être rempli par le premier chien venu ; je veux parler du chien affecté à la suite des grands animaux blessés.

Ce chien au poil rude, au pelage foncé, doit, c'est là sa spécialité, se montrer aussi prudent en liberté que tenu à la laisse..., rester attaché à un arbre durant de longues heures (1), supporter cet isolement avec patience..., suivre au pied ou aux rongeurs, sans s'emporter sur la voie plus fraîche d'un autre animal, ni chercher à entamer la bête morte ou blessée.

D'ordinaire on fait choix d'un vieux chien de tête qui, ne comprenant pas toujours bien le nouveau rôle qu'on exige de lui, empaume la voie au lieu de chercher à rapprocher lentement, prudemment, de manière à laisser aux chasseurs toute facilité de le suivre.

La meilleure leçon qu'on puisse donner à ce chien, c'est d'éviter de l'engager sur toute autre piste que celle d'un animal blessé à mort.

On conçoit qu'un jeune élève, étranger à toute action de chasse, soit plus facile à assujettir à ce travail qu'un vieux chien, forcé de désapprendre ce qu'il sait avant d'apprendre ce qu'il ne sait pas.

(1) On recommande pour seconder sa patience de déposer auprès de lui une carnassière ou tout autre meuble de chasse appartenant à son maître.

La Trompe

On sait ce que vous voulez dire, car si vous aviez le malheur d'employer l'expression de cor de chasse, on vous prendrait pour un provincial fraîchement débarqué de... *n'importe où.*

Hélas! il n'en est pas de la trompe comme de tout autre instrument : si l'un est difficile, l'autre est impossible, pour de certaines organisations s'entend. Moi qui vous parle, j'ai pris plus de cinq cents leçons du premier virtuose de l'époque et que m'est-il resté de tout cela?... Une seule note..., celle de mon professeur.

Les fanfares sont l'accompagnement obligé de la grande chasse. Les chiens, je crois devoir vous en prévenir, ont l'oreille très-délicate; la moindre fausse note les fait hurler (manière de siffler à l'usage des chiens), et il n'est pas bon de s'y exposer.

Les tons pour chiens, qu'il ne faut pas confondre avec les fanfares, servent à désigner l'animal, son âge, son espèce, son sexe; ils annoncent le lancé, la vue, le hourvari (quand l'animal retourne sur ses voies); le relancé, le vol-ce-l'est (lorsqu'on revoit de l'animal chassé); le débuché (quand il gagne la plaine); le bat l'eau, son entrée et sa sortie; l'hallali sur pied ou par terre; la retraite manquée ou prise.

On compte une fanfare pour chaque tête de cerf, depuis le daguet jusqu'au dix cors, depuis le daim jusqu'au lièvre.

La trompe produit sur les chiens l'effet de la charge sur les soldats. Ils en comprennent si bien le rythme glorieux ou décevant que, joyeux, fiers et ingambes aux sons de la retraite prise, ils cheminent, l'oreille basse, aux monotones accords de la retraite manquée.

Quel chasseur resterait insensible aux délices d'un tel concert, alors que de bonnes trompes, se mariant amoureusement à la voix de chiens bien gorgés, retentissent, adoucies encore par l'harmonieuse sourdine que leur prêtent les vallées !

Mais tout ce bruit, ce décor, ces meutes, ces équipages, ces piqueurs (1), ces cavaliers n'excitent dans l'esprit de mon héros ni désir ni envie ; il les admire comme il admirerait une belle toile du Louvre. Ne craignez pas que, se faisant le pâle copiste de mœurs princières, il partage le ridicule de ces glorieux grands seigneurs au rabais qui, donnant le nom d'équipage à quelques couples de chiens étiques, décorent leur palefrenier du titre de piqueur, singent la grande vénerie dans ses livrées, s'affublent de trompes et se montrent dans ce grossier appareil aux regards ébahis de quelques innocents villageois... Mon héros ! aux mœurs antiques, aux goûts simples, sachant qu'il faut mettre des sourdines à ses délassements pour ne pas désoler celui dont le rude labeur est toute la vie... (il y a une espèce de honte à être heureux à la vue de certaines misères, a dit La Bruyère), mon héros, n'affichant aucun luxe, aucun éclat d'emprunt, se dérobe aux scènes tumultueuses pour goûter à l'écart des joies plus modestes.

Que pourrait-il envier au plus fortuné et au plus méritant des veneurs ? Ne sait-il pas qu'un seul chien, suffisant à toutes les phases de la chasse, peut, rigoureusement parlant, forcer un cerf... ; qu'une petite meute, formée de demi-briquets, voire de bassets, est dans d'excellentes conditions pour fournir, d'un soleil à l'autre, une chasse que ne désavouerait pas

(1) Le personnage le plus important après le maître de l'équipage, c'est le piqueur. Monté sur un bon cheval, il appuie les chiens, ne les quitte pas plus que son ombre et finalement conduit la chasse. Dans les grands équipages il a sous ses ordres le piqueur en second, les valets de chiens, ainsi que tout le personnel à gages de la vénerie.

une meute de chiens d'ordre...; que, pour rapprocher les grands animaux à portée de l'arme à feu, les relais sont plus nuisibles qu'utiles...; qu'il est sage de proportionner le nombre de ses chiens ainsi que leur vitesse à l'étendue des bois dont on a la conservation...; que tout ce qui est bruits, le son éclatant de la trompe (1), les mille voix d'une meute acharnée paralysent les forces de l'animal, le réduisent plus tôt, c'est vrai, mais l'entraînent plus loin?

Pénétré de cette vérité, il a remplacé, ce rustique chasseur, la trompe aristocratique par le classique cornet, affecté à l'usage de la petite chasse à courre et dont il n'use que modérément encore et dans le seul but de rallier ses chiens.

La première trompe, ou plutôt le premier instrument de chasse, a été une coquille de la mer; plus tard elle fut remplacée par une corne de bœuf ou de bélier, transformée en un cor grossier. Enfin, de progrès en progrès, nous possédons aujourd'hui la trompe et la demi-trompe qui, entre les mains d'un piqueur habile, rendent des sons d'une douceur tellement sympathique, qu'ils jettent l'âme dans des méditations inconnues.

Au retour d'une partie de chasse, les invités réunis devant un bon feu devisaient, comme d'usage, sur les petits épisodes de la journée. L'enfant de la maison (tous les enfants terribles se nomment Gustave) pénètre dans le salon en sifflant et soufflant dans l'embouchure de la trompe de son papa; celui-ci se lève impatienté, le gronde et, s'emparant de l'em-

______

(1) Je déplorais naguère que les paroles de nos fanfares ne fussent pas à la hauteur de la musique; mais un charmant écrivain, un royal chasseur, mon spirituel confrère et ami Léon Bertrand, à la fois poëte, chanteur et compositeur, a comblé cette lacune en publiant une série de nouvelles fanfares aux accords harmonieux, au rythme poétique, qui ont ajouté un fleuron de plus à la couronne que les chasseurs lui ont déjà décernée à tant de titres.

bouchure, la met dans sa poche. Gustave s'esquive et reparaît un instant après, sifflant de plus belle.

— « Où as-tu encore déniché cette embouchure? s'écrie le papa... rends-la moi!

— « Du tout, répond le petit espiègle..., elle n'est pas à toi..., c'est l'embouchure à maman! »

Or, qu'on excuse cette description, *l'embouchure à maman* n'appartenait pas à une trompe de chasse, mais à un tout autre instrument qui ne se joue pas *précisément* de la même manière.

Nous avons bien ri, ce qui ne laisse pas que d'avoir son côté dangereux, exemple :

Alors que j'étais au service, nous fîmes séjour dans une petite ville de l'intérieur. — « Mon cher, me dit un de mes camarades, sous-lieutenant comme moi, je suis logé chez un excellent homme qui doit me conduire à la chasse; viens me faire une visite dans la journée et je suis certain qu'il te proposera d'être de la partie. »

Tout se passa ainsi qu'il l'avait prévu. Parfaitement servi par le hasard, je trouvai mon ami, se promenant dans le jardin en compagnie de son propriétaire.

— « Monsieur, me dit celui-ci, me laissant à peine le temps d'échanger quelques mots de politesse, votre camarade nous fait l'honneur d'accepter à dîner, puis-je espérer que vous daignerez être des nôtres? »

Au lieu de répondre carrément, je me mets comme un sot à murmurer des phrases de circonstance, pensant qu'il aura l'attention d'insister; pas du tout. Changeant de conversation, il me fait admirer les fleurs de ses parterres... quand je n'ai d'enthousiasme, calculé, il est vrai, que pour les fruits et les légumes de ses potagers..., et insensiblement nous nous dirigeons vers la porte cochère. L'instant était décisif... Comme la fatale porte allait se refermer sur moi, je prends mon parti en brave et, me retournant brusquement… :

— « Ma foi, monsieur, lui dis-je, j'accepte.

— « Quoi…? fit-il d'un air plus qu'étonné.

— « Votre gracieuse invitation, murmurai-je, à demi-voix.

— « Comment donc…, certainement…, enchanté », balbutia-t-il à son tour. Et me voilà introduit. Croyez-le bien, c'était moins le dîner que la chasse qui me tenait au cœur.

Jusque-là nous n'avions encore aperçu que le maître de la maison ; mais à l'heure du dîner survint sa femme, le type le plus pur de l'albinos ; de gros yeux ronds, ombragés de longs cils blancs…, cinquante ans…, une robe lilas, une écharpe jaune-serin et un bonnet orné d'énormes coquelicots : il y avait de quoi perdre son sérieux. Néanmoins le dîner s'était accompli dans les meilleures conditions. Déjà rentrés dans le salon, nous commencions à y respirer plus à l'aise, quand, s'adressant à sa femme… : « Lolotte, lui dit notre amphitryon, tu devrais bien gazouiller une petite romance à MM. les officiers. »

Avez-vous jamais entendu (ceci s'adresse au lecteur) le bruit produit par un bouchon de liège que l'on scie à l'aide d'un couteau ébréché?… — Sans doute… — Eh bien ! vous pouvez vous faire une idée de la crispation de mes nerfs et des grincements de mes dents, aux accents de cette voix inhumaine, chargeant de roulades la plaintive romance… « Ma Zétulbé, viens régner sur mon âme. » Déjà j'avais introduit dans ma bouche (je l'ai petite) mes gants, mon foulard, et je cherchais quelque chose à y introduire encore, quand une dernière roulade, notée comme un pur gargarisme, précipite le dénoûment ! J'éclate…, nous éclatons en cris convulsifs, qui font accourir tous les domestiques !… J'essaie de me lever et de murmurer quelques mots d'excuse…, ma voix est paralysée…, mes jambes refusent de me soutenir, et me voilà à quatre pattes, me dirigeant vers la porte, suivi de mon camarade, également à quatre pattes ; cela aux yeux ébahis des maîtres, des voisins et des domestiques qui, croyant à l'apparition de véritables possédés, se signaient pour échapper à la contagion.

Ce fut ainsi que nous gagnâmes la porte cochère, abandonnant nos chapeaux, nos épées, et payant de la plus noire ingratitude l'accueil empressé que nous avions reçu ; mais bien punis du moins, car aux éclats de rire convulsif avaient succédé de véritables attaques de nerfs, qui m'ont retenu pour ma part quinze jours au lit.

J'en conclus que, poussé à ses dernières limites, *le rire*, ainsi que le nommait Rabelais, est plus fatal encore que la peine.

MANIÈRE DE DRESSER LES CHIENS COURANTS

On choisit le plus honnête homme de sa connaissance pour lui faire le dépôt de quelques misérables écus, et l'on confie au premier venu ce qu'on a de plus précieux..., le soin de sa meute.

« Si votre *piqueur* (1) est sage et habile, dit Leverrier de « la Conterie, vous aurez des chiens sages, excellents et un « équipage bien tenu. Si, au contraire, il est libertin, pares-« seux, ignorant et ivrogne, votre équipage fera mal à voir. »

Heureusement nous n'avons pas besoin de nous mettre en quête d'un piqueur, dans la rigoureuse acception du mot. Qui dit piqueur dit un homme à pied ou à cheval, appuyant les chiens, les suivant, et dirigeant enfin toute la chasse, fonction que nous entendons bien nous réserver. Il serait d'ailleurs peu modeste de décorer de ce titre pompeux notre vieux garde, si tant est que nous en ayons un, ou à son dé-

(1) Autrefois on employait cette expression. Tous les vieux livres en font foi.

faut le jeune gars passionné, courageux et infatigable, comme on en possède rarement, mais comme j'ai eu le bonheur d'en rencontrer un dans ma vie. Véritable type de valet de chiens, ne les quittant pas plus que son ombre, couchant en forêt plutôt que de rentrer sans eux, et quelle forêt encore! la forêt d'Othe, sillonnée de chemins rares, étroits, tortueux, où l'herbe pousse comme en un pré, où le revoir est difficultueux, impossible même, où le chevreuil abonde, où le sanglier, le vrai sanglier, nourri de vieux glands fermentés, vous pousse une charge à fond, comme un cuirassier!... Forêt mignonne, où les loups se permettent, durant les hivers rigoureux, d'enlever des chiens jusque sous les pas des chasseurs, s'attaquant parfois à l'homme même, témoin un soldat congédié dont ils ont fait curée dans un carrefour qui en a conservé le nom (1); forêt enfin dans laquelle on a fréquemment encore l'occasion de s'égarer, ce qui ajoute aux péripéties de la scène.

Un jour, ou plutôt une nuit, car déjà la lune commençait à se lever, m'étant laissé entraîner à la poursuite d'un chevreuil dans des parties de bois inconnues, je cherchais à retrouver ma route, quand j'avisai un poteau étendant ses grands bras indicateurs.

— « Monte sur mon dos, dis-je au jeune garçon qui m'accompagnait, tu pourras voir ce qui est écrit là-haut. Je lui fais donc la courte échelle, comme on dit en langage vulgaire. Il y grimpe.

— « Vois-tu l'inscription? lui criai-je.

— « Oui, monsieur, oh! très-bien!...

(1) En 1812, exemple autrement palpitant de la voracité de ces animaux, un détachement de quatre-vingts hommes, tous soldats et armés, surpris dans une marche de nuit en Russie, a été attaqué et dévoré jusqu'au dernier par des bandes de loups. Ce fait a été consigné dans les papiers du temps.

— « Que dit-elle? demandai-je au jeune paysan.

— « Je ne sais pas lire. »

Hélas! si la forêt est encore debout, les chênes séculaires qui attiraient les grands animaux ont disparu et avec eux les vieux solitaires que j'avais tant de plaisir à donner à ma petite meute formée, j'ose le dire, de quinze chiens de tête. Mais tout ce bavardage me fait oublier que nos élèves attendent leur première leçon.

Avis essentiel : pour dresser les autres il faut avoir été bien dressé soi-même. En fait de principes d'éducation, cela me coûte à dire, il n'y a rien de nouveau ; on instruit encore les chiens comme on les instruisait au temps de Dufouilloux.

Pour se faire aimer de ses chiens, il suffit d'être bon, doux et patient (essayez ce procédé à l'égard des hommes, et vous m'en direz des nouvelles). Au besoin, si vous ne pouvez pas vous faire aimer beaucoup, faites-vous craindre un peu ; axiome si bien applicable aux grandes meutes qu'un étranger serait mal venu de s'introduire dans le chenil sans avoir un fouet ou une gaule à la main. On cite des hommes qui ont payé de leur vie cette imprudence.

Au fait, pourquoi les chiens, pervertis par de mauvais exemples, ne deviendraient-ils pas aussi méchants que les hommes? Je dis pervertis ; ils sont si bons ces pauvres chiens livrés à leur instinct naturel qu'un spirituel écrivain, à la fois un grand penseur, Toussenel, s'est écrié : « Pourquoi Dieu, « qui n'a donné qu'un seul ami à l'homme, le chien, n'a-t-il « pas égalisé la durée de leurs deux existences, pour qu'on « pût renfermer les deux amis à la fin de leur carrière dans « le même tombeau? »

. Il est tout simple que la douceur et la sociabilité que nous chérissons dans le chien d'arrêt ne se retrouvent pas au même degré dans le chien courant. Un exercice violent, des appétits formidables, l'usage de la chair crue, des curées, du carnage, l'ont rendu à son état primitif. Il en est des chiens comme des hommes en société, s'excitant l'un l'autre ils deviennent cruels.

Il faut que les chiens dont on commence l'éducation pratique aient de dix à douze mois, connaissent leurs noms, soient habitués à marcher couplés, à changer de main, comme au manège, à reprendre leur contre-pied, ce qu'on a dû leur apprendre en les conduisant à l'ébat (1).

On les promène le long des chemins (toujours couplés deux à deux), en leur répétant à chaque instant les termes usités, pour leur en faire comprendre la signification, et empêcher toute confusion avec leurs noms : *bellement, tout beau, aucoute, au retour, allons, mes beaux, derrière, fi les vilains!...* Voilà, à peu de chose près, le fond de la langue, y compris la caresse comme récompense, et, comme châtiment, le petit coup de fouet donné à propos, mais avec modération et sans colère : « Celui qui frappe avec fureur ne punit pas, mais se venge », a dit un sage.

L'intonation est la clef, la note pénétrante, le secret du métier : il faut bien se garder de prononcer oh! comme on prononcerait ah!

Dans les grands équipages, ne pouvant suffire seul à l'éducation de la jeune meute, le piqueur se fait accompagner de plusieurs valets de chiens. Pour rendre sa tâche plus facile encore, il a l'attention de coupler les chiens les plus fous avec les plus sages, c'est-à-dire avec de vieux chiens chargés de les diriger. Privé naturellement d'un personnel aussi nombreux, le modeste chasseur ne doit opérer que sur deux ou trois couples de chiens à la fois.

---

(1) Promenade dans la campagne qu'on fait faire aux jeunes chiens pour leur santé, matin et soir.

La première leçon se donne en rase campagne, alors que sont rentrées les moissons. Le professeur fait décrire à ses jeunes chiens des demi-cercles à droite et à gauche en leur disant : *au retour !* Simulant comme dans les défauts des devants et des arrières, pour faciliter la rencontre de la voie perdue, il finit peu à peu par leur faire accomplir des cercles entiers, ce qu'on nomme les grands retours ; puis des retours sur place, en les arrêtant et les forçant de prendre sans hésitation et sans décrire de cercles leur contre-pied.

Le plus difficile est évidemment de se faire obéir de ses chiens, sans être au milieu d'eux, et par la seule autorité du commandement ; ce qui peu à peu leur apprend à se servir eux-mêmes. S'il fallait à chaque retour courir après ses chiens, les arrêter, les ramener sur le lieu du défaut, la bête de meute aurait le temps de prendre une avance considérable, ses voies seraient rafraîchies et tout le succès compromis.

L'essentiel n'est donc pas de faire chasser les chiens, leur instinct naturel ne les y dispose que trop ; mais bien de les empêcher de chasser, ainsi que cela a lieu dans les grands équipages, indistinctement tous les animaux.

Ici la question est plus compliquée encore qu'à l'égard du limier ; car il ne s'agit plus d'un seul chien, mais de plusieurs, s'excitant l'un l'autre sur toutes les voies, bien que tenus à la harde. Ce n'est qu'à force de les contenir et de les corriger, qu'on les habitue peu à peu à distinguer l'animal à la quête duquel on les destine, et à se montrer aussi prudents et aussi réfléchis couplés que découplés.

On entretient une meute en faisant des élèves, mais en assez petit nombre, pour qu'une fois confondus avec les autres chiens, ils ne puissent exercer aucune influence préjudiciable ; les jeunes suivent les vieux... Il en est enfin d'une meute comme d'un régiment : sous les armes on ne doit pas distinguer les conscrits.

Il est donc important d'habituer de bonne heure ses chiens à opérer de loin comme de près et d'eux-mêmes ces précieux retours dont on a l'occasion de faire un aussi fréquent usage.

Pour les affermir dans cette manœuvre on les laisse s'éloigner de quelques pas, puis on leur crie... : *tout beau! derrière!* afin de les arrêter, et *au retour!* pour leur indiquer qu'ils doivent changer de direction. De cette première leçon on passe à la seconde qui consiste à découpler les chiens et à leur faire exécuter en liberté et sans confusion tous les mouvements qu'ils ont exécutés à la harde ; le reste est du ressort de la chasse.

Hélas! ce n'est point l'affaire d'un jour ; hommes et chiens deviennent chasseurs comme on devient forgeron..., en forgeant. La théorie est aussi impuissante à enseigner l'art de la chasse que l'art de la guerre, sans rapprochement déplacé entre la chasse à l'homme et la chasse aux bêtes. Des Indiens trappeurs et scalpeurs s'intitulent bien chasseurs de chevelures ; à leurs yeux la guerre est une chasse et l'homme est un gibier.

Les chasseurs, il est vrai, se préoccupent peu de toutes les questions élémentaires, en vertu sans doute de cet axiome, « bon chien chasse de race » ; ils font passer à jour fixe leurs élèves du chenil au bois... Aussi quels chasseurs et quels chiens!

M. Hartig, le célèbre auteur allemand, recommande d'exercer les jeunes chiens à la *trainée*, morceau de venaison que l'on promène devant eux à travers le bois pour leur faire le sentiment et exciter leur ardeur par l'appât de la curée. Cette méthode n'est pas adoptée en France.

Le choix du jour où l'on conduit pour la première fois les

jeunes chiens à la chasse n'est pas sans importance. Le vent, en ressuyant les voies des animaux, emportant leurs émanations, les communiquant à la terre, aux herbes et aux branches, se montre tour à tour favorable ou nuisible, selon sa force et sa direction.

Le vent du midi, chargé d'exhalaisons chaudes et corrompues, est le plus contraire de tous; le vent d'est, détruisant par son âcreté le nez des chiens, ne vaut guère mieux; le vent du nord, sec et froid, ferme les pores de la terre..., le vent d'ouest amène les tempêtes!... Vivent les vents sud-est et nord-est, tempérés, humides, doux et frais; ils ajoutent leur arome à l'arome de la voie.

Après le choix du jour, reste encore à déterminer, selon les saisons, l'heure la plus favorable. Laissons parler sur cette question délicate le grand maître Leverrier de la Conterie, et recueillons au profit de la science ses sublimes enseignements :

« Il ne faut pas découpler avant que la rosée ne soit entiè-
« rement passée; rien n'est si pernicieux; vos chiens, une
« fois accoutumés à chasser à la rosée, semblent n'avoir plus
« de nez quand il n'y a plus de rosée. »

Donc, selon l'état de l'atmosphère, l'heure de la chasse doit être avancée ou retardée, à moins que, comme instruction, on ne tienne à faire chasser ses chiens de préférence par un mauvais temps, excellent moyen de les rompre aux difficultés et de les rendre prudents. La chasse, il est vrai, se borne à un simple échauffement de quête, mêlé d'à-coups peu édifiants pour les chasseurs, mais profitables aux chiens.

Les praticiens recommandent encore de faire débuter les jeunes chiens par la chasse du lièvre; à moins qu'on ne les destine exceptionnellement à celle de tout autre animal, et encore donnent-ils la préférence au lièvre de plaine sur le lièvre de bois, afin d'habituer les chiens à suivre des voies ressuyées par le grand air. Ils font observer avec raison que le lièvre de bois, en touchant de son corps aux herbes et aux branches, confirme bien autrement le sentiment des chiens. « Exterminez, disent-ils, le dernier de vos lapins, plutôt que de le laisser chasser par de jeunes chiens courants. » Encouragés par un succès facile, productif même, ils ne manqueraient pas de quitter toutes les voies pour s'acharner sur celle de ce petit quadrupède. Je conçois qu'on rompe avec ménagement des chiens pour les détourner d'un change ou leur faire cesser la chasse; mais lorsqu'ils s'adonnent à la poursuite d'un animal indigne d'eux il faut être sans pitié.

Chaque chasseur loge sa petite meute, non comme il le veut, mais comme il le peut. Une écurie mal close, un auvent, le premier abri venu, remplacent le chenil modèle, dont la description se trouve dans tous les traités anciens et modernes, espèce de château que bien des chasseurs garderaient pour eux-mêmes s'ils en étaient possesseurs. Soyons justes, on ne saurait procurer à ses chiens plus de bien-être qu'à soi-même; mais entre deux expositions il n'en coûte pas plus de choisir la mieux aérée, la meilleure et la plus saine, je pourrais même dire qu'il en coûte beaucoup moins. Chaque soin intelligent porte ses fruits et, en fait de nourriture, ce qu'on considère comme une économie n'est le plus souvent qu'une dépense.

Dussé-je même encourir le reproche de m'appesantir sur des prescriptions d'hygiène trop élémentaires, je rappellerai aux propriétaires de meutes qu'ils doivent faire peigner, laver (1) et bouchonner leurs chiens tous les jours.

— Renouveler au moins trois fois par semaine la paille des chenils;

(1) La face, les yeux et les oreilles.

— Éviter de tenir à l'attache des chiens qui fatiguent;

— Les visiter la veille et le lendemain de la chasse pour les débarrasser des épines ainsi que des insectes parasites. Pourquoi les chiens en seraient-ils exempts? chaque être a les siens. Un naturaliste l'a dit : Il y a la puce de la puce.

Louis XI ne se piquait pas de propreté. Il arriva qu'un jour un de ses gardes, voyant un insecte sur l'habit de ce prince, l'enleva sans qu'on pût voir ce que c'était. Le roi le questionna à ce sujet; le garde fit quelques difficultés pour répondre, mais, sur l'ordre du maître, il lui avoua que c'était... (il faut bien dire le mot)... un pou. « C'est une marque que je suis homme », dit le roi, et il fit donner quarante écus à ce serviteur. Quelque temps après un autre de ses gardes, alléché par l'espoir de la récompense, fit semblant d'ôter quelque chose de dessus l'habit du roi. « Qu'est-ce encore? » dit Louis XI. — « C'est une puce », répond le garde. « Misérable! s'écrie le roi, me prends-tu pour un chien? » Et il lui fit donner quarante coups de bâton.

Je suis bien aise d'avoir rabaissé l'orgueil de la puce... Poursuivons :

— Assister à leur repas : chien qui ne mange pas est bien près de tomber malade, dit le proverbe.

— Entretenir dans les chenils une eau abondante, limpide, la renouveler, en été, deux fois par jour.

La nourriture des chiens courants se compose, le matin, de pain sec, et le soir de soupe faite avec des résidus de boucherie, des os et, faute de mieux, avec du beurre, de la graisse ou du pain de creton (suif). Cette soupe se nomme *mouée;* elle doit être salée modérément et servie presque tiède une demi-heure après la rentrée des chiens au chenil.

On compte 750 grammes (une livre et demie) de bon pain de froment par tête de chien d'ordre; une livre suffit pour entretenir les autres en bon état, néanmoins tout chien qui a chassé doit avoir de la soupe à discrétion (1).

Un pauvre diable écrit un jour à un grand seigneur : Vos chiens sont nourris de bonne soupe, tandis que je ne mange que des pommes de terre... Voulez-vous de moi pour chien? — Accordé, répond le grand seigneur; toutefois, je crois devoir prévenir le postulant que pour reconnaître mes chiens j'ai l'habitude de leur faire couper le bout des oreilles et...

Il résilia son engagement.

(1) Il est des instincts dont les naturalistes ne sont jamais parvenus à se rendre compte. Je me suis demandé bien souvent pourquoi le chien faisait d'ordinaire trois ou quatre tours sur lui-même avant de se décider à se coucher. Heureusement voici venir un véritable savant, un écrivain hors ligne (Toussenel) qui résout la question :

« Le chien, dans l'état de nature, est accoutumé à gîter dans la bruyère; pour « se coucher et l'écraser, il est obligé de faire plusieurs circonvolutions; or, comme « aucun animal ne triomphe de ses instincts routiniers, il en résulte que le chien « se comporte dans nos salons comme s'il était dans les landes d'Otaïti. »

C'est sans doute par la même raison que le chat croit cacher ses ordures en grattant le parquet, comme s'il était encore dans les sables de l'Afrique dont il est originaire.

CHAPITRE III

LE LOUP

Le devoir avant le plaisir : à ce titre la chasse du loup doit passer avant celle de tout autre animal.

Le loup est un quadrupède carnassier de la famille des chiens, aussi *aime*-t-il tous les membres de sa famille comme on aime un mets de prédilection; il est vrai que les chiens ne se font pas faute de l'étrangler toutes les fois qu'ils se sentent assez forts pour en tenter l'aventure.

Je soupçonne les chiens et les loups d'être tant soit peu cousins (1); il faut au moins ce lien de parenté pour entre-

(1) Les loups produisent avec les chiens : c'est-à-dire le loup avec la chienne, mais jamais le chien avec la louve. Ils vivent, comme les chiens, de douze à quatorze ans.

tenir tant de haine. Hélas! les parents sont comme les corsaires, ils se disputent toujours à l'instant du partage et ils auront eu quelques os à partager ensemble.

On distingue en France deux espèces de loups : l'une bien plus forte que l'autre. Je serais tenté de croire que les deux races n'en forment qu'une et que, sous l'influence d'une hygiène plus favorable, les gros loups sont des types exceptionnels comme les gros hommes.

La louve porte soixante-douze jours (1), de même que la chienne; moins féconde toutefois elle n'a d'ordinaire que quatre ou cinq petits qu'elle met bas dans le courant d'avril. Les anciens auteurs accusent la louve d'égorger ceux de ses petits qui *lapent comme les chiens :* or, et voilà la grande distinction, les loups ne lapent pas, ils boivent à la façon du bœuf et du cheval.

En naissant, les petits se nomment louveteaux; à six mois, ils prennent le nom de louvarts, qu'ils conservent jusqu'à deux ans, bien que dès la fin de la première année ils se décident à vivre à part pour se dérober, selon les uns, aux mauvais traitements que leur fait subir la jalousie de leur père et, selon les autres, ce qui me semble plus naturel, pour obéir à un instinct providentiel qui n'a pas besoin de justification, les animaux se séparant pour former des ménages et vaquer avec plus de facilité aux soins de leur alimentation. Lorsque ces animaux ont acquis leur parfait développement, on les distingue en jeunes loups et vieux loups.

Le pied se nomme *voie*, la fiente *laissée*, les endroits ou plus communément les carrefours où le loup mâle s'arrête pour les jeter portent l'empreinte de profondes égratignures

---

(1) A cet égard, les naturalistes devraient bien se mettre d'accord : Dufouilloux, de la Conterie et Buffon prétendent que la louve porte l'espace de cent jours : c'est une erreur matérielle.

(déchaussures), semblables à celles que font les chiens (1).

Les laissées de loup sont mieux formées que celles de louve et, particularité qui aide beaucoup à la connaissance, elles sont généralement déposées sur une motte ou une élévation quelconque, tandis que la louve les jette au hasard le long des chemins.

Le poids d'un loup dans la force de l'âge varie de trente-cinq à quarante-cinq kilogr. On comprend que des loups de cette taille et de ce poids fassent peur mieux encore qu'à des petits enfants.

Un jour que je visitais une église dont le sacristain me faisait les honneurs, je remarquai, au milieu des sculptures de toute sorte qui décoraient la rampe de l'escalier, une monstrueuse tête de loup.

« Cette particularité existe dans beaucoup d'églises, me dit le sacristain. On a sculpté des têtes de loups pour faire peur aux ânes qui auraient l'intention d'y prêcher. » J'ai trouvé le mot assez édifiant.

Au premier aspect l'empreinte du pied d'un loup ressemble à celle d'un chien de forte race, mais en l'examinant avec plus d'attention, on découvre des différences notables. Le pied du loup est plus allongé que celui du chien ; son talon est moins rond (il a la forme d'un cœur), ses ongles sont plus courts et plus forts, ses allures sont plus espacées et plus régulières ; en marchant d'assurance il pose le pied de derrière dans celui de devant, tandis que le chien se méjuge complètement.

La louve a le pied encore plus long, quoique plus étroit que celui du loup ; ses ongles sont plus petits, l'ensemble

(1) La profondeur de ses déchaussures indique l'âge de l'animal. Lorsqu'elles sont mêlées à sa voie, on peut en conclure que le rembûchement est encore éloigné. Le loup se pique de trop de prudence pour laisser à sa portée un témoin aussi indiscret.

du pied est moins fort; en résumé, loups et louves marquent en proportion de leur âge et de leur taille; plus ils sont vieux, plus ils sont faciles à reconnaître. D'ailleurs, à défaut de l'expérience de l'homme, l'instinct du chien suffirait pour dissiper toute incertitude; son poil hérissé, ses yeux flamboyants, son agitation, ses terreurs témoignent assez de la présence d'un ennemi.

Les anciens, Oppien, Pline et Aristote en tête, se sont un peu égayés sur le compte de cet animal, car je ne pense pas qu'ils aient pris au sérieux tout ce qu'ils nous en ont dit. Les hommes changés en loups... les *loups-garroux*, ainsi nommés sans doute pour faire comprendre la nécessité de s'en garer, sont tout aussi imaginaires que la louve qui a indiqué à Romulus l'emplacement de Rome, et celle dont il a sucé le lait; on sait à quoi s'en tenir sur la valeur de ce dernier rébus latin (1).

A quoi bon toutes ces fables? le loup possède assez de facultés naturelles pour qu'il soit superflu de lui en prêter d'autres. Une vue perçante, un odorat exquis, une ouïe d'une délicatesse infinie, une vigueur de muscles sans pareille et une mâchoire redoutable constituent, ce me semble, d'assez beaux avantages. Il règne chez nous comme le lion dans le désert..., fait sa proie de tous les animaux domestiques ou sauvages, tels que cerfs, daims, chevreuils, marcassins, vaches, poulains, etc., etc.; enfin, après avoir dévoré le troupeau, il ne se ferait aucune conscience de dévorer le pasteur lui-même. L'âne est son morceau de prédilection.

Gaston Phœbus prétend que « lorsqu'il a goûté une seule

---

(1) A Rome on nommait louves les femmes de mauvaise vie, comme ailleurs on les nomme encore *poules à tous coqs;* or, Romulus et Rémus ayant été trouvés et allaités par la femme du berger Faustulus, laquelle devait au dérèglement de ses mœurs le surnom de louve, l'histoire, qui n'en fait jamais d'autres, nous a transmis cette allégorie à l'état de vérité.

fois à la chair humaine, il ne veut plus se nourrir d'autres *bestes* ».

Toutefois, en temps de disette, il se contente des grenouilles et des crapauds qu'il se procure dans les étangs.

Autrefois le crapaud, c'est encore bon à savoir pour modérer notre indignation à son égard, était considéré de bon augure. Les Francs, nos ancêtres, avaient la même opinion, puisqu'au rapport de plusieurs historiens, leur étendard portait originairement trois crapauds sur champ d'azur. Clovis les avait d'or; ce n'est qu'après sa conversion qu'il leur substitua les fleurs de lys.

Remarque singulière, les loups vivent en bonne intelligence avec les renards; ils ne les attaquent pour ainsi dire jamais. De tout temps, les larrons se sont ménagés.

Les loups se mangent-ils ou ne se mangent-ils pas? Grande question!... Après avoir inutilement compulsé les auteurs les plus compétents, j'en suis réduit à vous donner ma propre façon de penser. La pensée vous suffisant sans doute, je vous fais grâce de la façon et j'arrive au fait.

Non, les loups ne se mangent pas de gaieté de cœur en temps normal, régulier; s'ils entraient dans un restaurant, ils ne demanderaient pas du loup; mais blessez dangereusement un de ces animaux et vous le trouverez, non pas seulement grignoté par la dent incisive et très-reconnaissable du renard, je le crois incapable de cette courageuse gourmandise, mais bien dévoré, dans toute l'acception du mot, par ses proches. Où avez-vous lu cela? me direz-vous. — Dans le grand livre de la nature, alors que se couvrant d'une couche de neige elle y a tracé comme sur le papier ses sublimes enseignements. D'ailleurs, pourquoi ne se commettrait-il pas des assassinats aussi bien dans la société des loups que dans celle des hommes?

« Les loups ne se mangent pas » (1) est un proverbe aussi fallacieux que le fameux *teneo lupum auribus* des Latins ; fiez-vous-y et vos poignets m'en diront des nouvelles (2).

Ce n'est pas sans de bonnes raisons que les cultivateurs, encore exaltés par le récit des exactions commises par cet animal, en ont fait la terreur de nos campagnes. Le cri au loup ! (harloup) est aussi sinistre que le cri au feu ! Touchante preuve de l'égoïsme de l'homme ! Le cri à l'eau, quelqu'un se noie !... est loin de produire le même effet ; c'est tout simple : ceux qui se promènent tranquillement dans la rue n'ont rien de compromis dans les flots, tandis que chacun a quelque chose à préserver de l'incendie ou de la dent du loup. L'histoire du loup Courtaut (3) sous Charles VI, et celle de la bête du Gévaudan (louve enragée) sous Louis XV, sont encore présentes à l'esprit des populations.

Effet singulier : le lion n'emporte pas un mouton, il le traîne ; le loup s'y prenant plus adroitement le fait courir devant lui, ou au besoin le charge sur son dos et l'emporte. J'ai questionné un Arabe sur cette particularité du lion et il m'en a donné l'explication à l'aide d'un verset du Koran. Le Koran a réponse à tout, il a cela de commun avec nos anciennes légendes.

Hé, la chasse du loup ! me direz-vous. Un instant, on y va, répondrai-je, exactement comme cet héroïque soldat en entendant le bruit lointain du canon qui l'appelle.

(1) « Faute d'autre appât, dit un voyageur digne de foi, nous placions un loup tué de la veille, et ses camarades ne se faisaient aucun scrupule de le dévorer. »

(2) On cite pourtant des gardes assez courageux pour saisir un loup par le cou, et assez forts pour le tenir en respect...; mais ils ne s'attaquent jamais aux oreilles.

(3) La description que les historiens du temps ont donnée de cet animal le ferait ressembler bien plutôt à une hyène échappée de quelque ménagerie qu'à un loup.

Quant à la bête du Gévaudan, contre laquelle Louis XV a fait marcher les troupes de plusieurs provinces, on est d'accord sur son identité : c'est une louve enragée.

Voir les *Chasses exceptionnelles*, pour plus amples renseignements.

Peu de personnes s'adonnent à la chasse du loup à force de chiens (1); aucun animal n'est aussi difficile à détourner, puis, il faut le reconnaître, on goûte peu en général les parties de chasse qui, commencées dans un département, ne se terminent que dans un autre.

Au lieu de consumer ses forces à randonner dans la même enceinte, le loup, le vrai loup s'entend, adoptant une tactique tout opposée, perce droit devant lui. Les monts, les vallées, les rivières ne le font dévier en rien de sa route; mieux encore, il recherche l'eau, certain d'y puiser une nouvelle vigueur... Il va toujours et encore..., on dirait son itinéraire tracé sur la carte, ses papiers en règle. Il passera à dix pas d'une poule ou d'un gendarme dans le suprême exercice de ses fonctions, sans se préoccuper plus de l'un que de l'autre. Avec un tel animal, point de change, je ne dirai pas à redouter (que pourrait-on y perdre!) mais à espérer. Voilà de la haute vénerie pour ceux qui aiment les déplacements, les émotions, le grand air.

Il est vrai qu'à la lutte de la ruse a succédé celle de la force et de la vitesse. Parvient-on à lui donner un relais, soudain il met un espace considérable entre lui et la meute, ainsi renforcée de chiens frais et ardents qui, encouragés par ce nouveau renfort, ne manqueraient pas de se ruer sur lui. Il le sait et se forlonge en conséquence; mais lorsqu'il juge à la voix moins impétueuse des chiens que leur ardeur commence à s'apaiser, il ralentit insensiblement sa course, reprend son grand trot de cheval anglais, ne les dépasse que de quelques longueurs; il semble qu'un armistice ait été conclu entre lui et la meute, si bien qu'il finit par se laisser rejoindre tout à fait.

Les chiens sont partout, devant, derrière, sur les côtés, ils

(1) Le premier équipage pour loup qu'on ait vu en France a appartenu à Henri IV. Louis XIII avait une grande prédilection pour la chasse de cet animal.

l'enveloppent d'un triple réseau de corps et de cris!... Lui, au milieu de ce cercle mouvant qu'il domine de la puissance de son regard oblique et surtout de sa formidable mâchoire (1), les tient à distance. Pourquoi les chiens ne se jettent-ils pas tous à la fois sur lui?... Pourquoi? Parce qu'il en est des chiens comme des hommes et que nul ne veut attacher le grelot de la fable.

C'est dans de telles conditions qu'un débucher est beau à voir!... Point de ruses ni de défauts; la vue, toujours la vue!... La franchise de l'attaque, la franchise de la défense : les vallées, les collines disparaissent et le soleil avec-elles!... Que lui importe au héros de cette scène ossianique, pourvu que l'air et l'espace lui restent. Accourez, piqueurs et relais, faites donner vos réserves de dogues et de lévriers; il distancera les unes, contiendra les autres, puis à cette journée en succédera une seconde, une troisième peut-être, à la fin de laquelle, haletant, épuisé, rendu, le vieux loup s'ensevelira dans sa gloire!... à quarante lieues de la première brisée (2). On cite un loup qui, parvenu en ligne droite au bord de la mer, se mit à la nage entraînant à sa suite une royale meute dont la chronique atteste que plus jamais on n'entendit parler.

Cet exposé, qui n'a rien d'exagéré, suffirait sans doute pour

(1) Les dents de loup sont si dures qu'on les emploie à polir l'or et l'argent.

(2) On brise le loup le soir et l'on recommence l'attaque le lendemain. On raconte comme un fait certain que le grand Dauphin lança à Fontainebleau un loup qui ne fut pris que le quatrième jour aux portes de Rennes.

Autrefois on tenait en réserve une harde formée de lévriers et de dogues de forte race qu'on faisait donner sur le loup et qui finissaient par l'étrangler. Si le loup n'était pas déjà épuisé par la fatigue, les lévriers n'en viendraient pas plus facilement à bout que les autres chiens. Trois loups, dit Sélincourt, dans son *Parfait Chasseur*, furent pris et amenés devant Louis XIII; on fit combattre le plus vieux contre trois lévriers, remplacés par trois autres, jusqu'au nombre de douze; il les rebuta si bien qu'ils n'osèrent plus l'attaquer.

refroidir le zèle des chasseurs, si déjà de nombreux mécomptes ne leur avaient fait pressentir l'impossibilité de triompher d'un vieux loup à force ouverte.

On comprend qu'une dépouille conquise dans de telles conditions devienne un trophée digne de parer l'autel du grand
saint Hubert, patron des chasseurs, honneur qu'il a partagé
longtemps avec saint Martin et saint Germain, autres saints
très-experts dans l'art de la chasse et rendus populaires par
leurs exploits.

L'usage de faire des offrandes aux divinités de la chasse
est aussi vieux que le monde. C'était à la statue de Diane que
les chasseurs grecs et romains suspendaient les dépouilles
des bêtes qu'ils avaient tuées sous l'invocation de cette
déesse (1), mise à la réforme par les modernes : c'est d'un
bon exemple, je n'aime pas à voir les divinités de la terre,
oubliant leur rôle de séduction et de faiblesse, se livrer à des
exercices violents, masculins, *transpirables*. Une femme qui
chasse à courre, fume, porte des gilets, ou parle politique,
n'est pas autrement coupable : elle n'a plus de sexe, voilà
tout. Ce jugement est un peu sévère à l'égard du premier chef
d'accusation sans doute; mais c'est plus fort que moi, je ne
puis me représenter une femme, ange de bonté, assistant à
la mort d'un cerf sans demander grâce pour les larmes que
verse ce noble animal. L'histoire rapporte que la bonne Jo-
séphine, impératrice des Français, sauva dans une occasion
semblable la vie à un cerf chassé par l'empereur et le fit conduire à la Malmaison. Nobles dames, qui saisissez si bien
toutes les occasions de répandre des bienfaits (il y a le pauvre
des bois comme il y a le pauvre des villes!...), courez le cerf,

---

(1) Quand le christianisme, succédant à l'idolâtrie, eut fait justice de toutes les
idoles, les chasseurs, entraînés par l'habitude, clouèrent aux portes de leurs châteaux les têtes et les pieds des grands animaux. Cet usage n'est plus observé de
nos jours que par les gardes-chasse.

si tel est votre bon plaisir, mais n'assistez pas à la curée, dût-elle se faire aux flambeaux, à l'exemple du grand roi Louis XIV.

— « Vous ne pouvez être quelque chose que par nous, disait un prince à sa femme en se rengorgeant.

— Ce qui n'empêche pas, répondit celle-ci, que je puisse faire des princes sans vous, tandis qu'il vous est tout à fait impossible d'en faire sans moi. »

Le plus célèbre des louvetiers dont l'histoire fasse mention est le marquis du Hallay. Douze cents loups, pris par lui dans l'espace de cinquante ans, sont des trophées qui laissent bien en arrière ceux de ses rivaux. La vénerie reconnaissante a inscrit le beau nom de ce veneur sur son livre d'or.

Arrêté pendant la Terreur et pressentant le sort qui l'attendait, le gentilhomme de vieille souche, le praticien consommé vit les portes de sa prison s'ouvrir à la demande des populations qu'il avait préservées des déprédations des loups et que son absence livrait sans défense à leurs attaques.

Un acte de mise en liberté dûment légalisé lui enjoignait *de courir sus aux loups jusqu'à parfaite destruction...* Or, la destruction radicale de ces terribles hôtes pouvant compromettre de nouveau la vie et la liberté du marquis du Hallay, l'habile veneur, sans toutefois détruire jusqu'au dernier des loups (il dut en laisser au moins quelques-uns pour entretenir la race), leur fit une guerre si acharnée que, sur une nouvelle attestation des services rendus aux populations de la Normandie et de la Picardie, ses biens lui furent restitués.

C'est ainsi que les loups ont sauvé la vie et la fortune du marquis du Hallay, le premier veneur de son temps.

. Hélas! si l'on ne devait détruire les loups que conformément aux règles de la vénerie, les veneurs et les chiens courraient le risque d'être détruits avant eux. Aussi a-t-on recours à une infinité d'autres moyens que ne saurait réprouver la reconnaissance publique.

Envers cet ennemi commun les armes, les pièges, le poison, tout est de bonne guerre. Aux clameurs des populations, à leur cri de détresse, l'autorité elle-même a répondu par la création d'une charge de louvetier par département (1).

(1) La révolution de 1789 ayant amené la suppression des charges de grand veneur et de grand louvetier, les loups se multiplièrent dans une si grande proportion, surtout en l'absence des hommes valides appelés à la frontière, qu'un arrêté du Directoire exécutif (19 pluviôse an V) autorisa les particuliers à se livrer à la destruction des loups, sous la surveillance de l'autorité forestière; enfin, d'arrêtés en arrêtés, la louveterie a été définitivement instituée, par ordonnance du 20 août 1814.

Les primes accordées pour loups, louves et louveteaux ont subi bien des modifications dont nous allons donner le tableau.

Dans l'origine elles étaient :

     Pour louve. . . . . 300 fr.
     Pour loup . . . . ·. 250
     Pour louveteau 100

Elles sont aujourd'hui :

     Pour louve pleine 18
     Pour louve non pleine 15
     Pour loup 12
     Pour louveteau. 6

Il est vrai que le paysan qui a eu le bonheur de tuer un loup le promène de porte en porte dans les campagnes et obtient ainsi des gratifications qui suppléent à l'insuffisance de la prime.

Remarque singulière : en Algérie l'administration n'accorde que cinquante francs par tête de lion et encore faut-il que la peau accompagne la tête.

Dans les temps anciens, ceux qui tuaient un loup avaient le droit de choisir un mouton dans la ferme la plus voisine.

Il se détruit annuellement en France environ 1,200 loups ainsi répartis :

     Vieux loups . . . . ·300
     Louves 200
     Louveteaux 700

Ce relevé a été établi sur une moyenne de vingt-cinq ans.

En Angleterre il n'existe plus de loups; il est vrai que pour en opérer la destruction on a soumis chaque village à un impôt annuel d'une certaine quantité de têtes de loups. En Allemagne on était parvenu à obtenir le même résultat à l'aide des mêmes moyens; mais depuis les guerres de la révolution les loups ont repris possession de leurs anciens domaines.

Le louvetier est le soldat d'élite, la sentinelle avancée qui défend nos campagnes contre les déprédations de tous les animaux malfaisants.

Quelle variété dans les types!... Ici un gentleman exerce les fonctions de louvetier, là c'est un enfant du peuple, simple et rustique comme lui... Tous deux enflammés d'une égale ardeur, mais concourant au même but par des voies différentes (1).

La chasse du loup, comparée à celle du cerf ou du sanglier, ne présente aucun danger pour les chasseurs; toutefois, on cite de grands personnages qui s'y sont fait étrangler, c'est l'exception; quand les chasseurs sont prudents et lorsque les loups ne sont pas affectés de cette maladie de la faim et non de la soif comme on le pense, et qu'on nomme la rage, cela se passe très-courtoisement de part et d'autre.

A l'égard des chiens, on n'en saurait pas dire autant; malheur à ceux qui ne se rallient pas bien! Toutefois, on a remarqué que le loup se retourne rarement contre la meute qui le chasse, quelque faible et peu nombreuse qu'elle soit. On dirait que se sentant découvert il ne songe qu'à fuir; il est vrai que selon le cas il compense cette timidité par une audace incroyable; ainsi on a vu des loups guetter une meute au passage et enlever un traînard à dix pas des chasseurs. Saisi à la gorge, le chien ne pousse qu'un seul cri qui se confond avec le râle de la mort.

Admirez l'instinct du loup : il attaque le cheval par devant et la vache par derrière.

La manière la plus agréable et la plus profitable à la fois de chasser le loup, c'est de le détourner; or, pour détourner

(1) L'ordonnance du 20 août 1814, encore en vigueur, concède aux louvetiers le droit de chasser à courre deux fois par semaine, le chevreuil brocard, le sanglier ou le lièvre dans les forêts de l'État. Cette concession a pour but de leur fournir l'occasion de tenir leurs chiens en haleine.

un animal quelconque, il faut un limier ; le travail de l'homme n'a jamais valu celui du chien. Le sens de l'odorat est moins trompeur que celui de la vue.

LIMIER POUR LOUP

Premier chien de l'équipage, le limier ayant pour mission de quêter la bête et la rembûcher ne prend jamais part au laisser-courre. C'est la règle, mais on y déroge quelquefois, faute d'autres chiens. J'ai vu des limiers remplir les fonctions de chiens de meute, lancer l'animal, le suivre en criant, et redevenir d'un mutisme absolu.

On choisit d'ordinaire un chien de quinze mois, vigoureux, hardi, obéissant, *chiche de voix*, attendu que le mutisme est une des qualités les plus essentielles ; d'autres vous imposeraient des conditions de race, de forme, de pelage, d'origine et de parenté : « Il faut que les chiens que l'on destine à la « chasse du loup soient issus de père et de mère ayant chassé « le loup », a dit Dufouilloux. Moins exigeant que ce grand maître, je vous laisserai toute liberté à cet égard, vous prévenant néanmoins que les limiers bruns, fauves ou noirs, favorisés par une couleur de pelage moins éclatante, ont l'avantage de pouvoir rapprocher l'animal de plus près que les autres.

Quelques praticiens recommandent encore de donner la préférence à un chien *méchant*. A ce compte la douceur ne saurait s'allier au courage ! ce sont les méchants qui font courir ce bruit-là.

La haine et l'amour, sentiments extrêmes, produisent sur les chiens des effets analogues. Pour rejoindre le bon maître qu'il aime, un chien fera trente lieues sans boire ni manger... Pour suivre le loup qu'il abhorre, il accomplira le même prodige. Reste donc à développer de si nobles instincts et à demander à la haine ce qu'on obtient de l'affection.

Le même chien d'arrêt est bon au poil et à la plume, il n'en est pas ainsi du limier; aussi ne l'emploie-t-on qu'à la quête d'une seule espèce de bête, « afin d'éviter qu'il ne se rabatte indistinctement de toutes les voies », disent les maîtres.

Avant de procéder à l'instruction pratique de ce chien, on l'habitue à porter *la botte* (1), à travailler en laisse, à marcher à la gauche de son conducteur, sans chercher à gagner à la main, afin de conserver au moindre à-coup du trait toute sa signification. On l'habitue encore à comprendre le langage, l'intonation, les gestes, car il est prudent d'admettre tous les idiomes, toutes les pantomimes, et jusqu'aux inflexions de voix particulières à certaines provinces : le gascon doit être aussi bien compris que le normand.

L'essentiel étant de faire distinguer au limier l'odeur de l'animal qu'il doit détourner, on le gronde, mais avec douceur, toutes les fois qu'il porte son attention sur une autre voie. Les mœurs affables du maître se communiquent bientôt au valet.

Tout chien, de quelque race qu'il soit, éprouve de prime abord une antipathie très-prononcée pour le loup (2); elle se traduit par des mouvements nerveux, des coups de gorge sourds, étouffés, une démarche craintive; il regarde de tous côtés, comme s'il s'attendait à voir surgir un ennemi. Il faut le rassurer en raccourcissant le trait, le caresser, lui donner quelques petits morceaux de venaison, renfermés dans une

(1) Collier en cuir, large de 12 à 14 centimètres, qu'on met au cou du chien. A ce collier est attachée une longe en cuir, large de 3 centimètres et longue de 33, nommée plate-longe; elle se relie au trait, espèce de corde de crin que le valet de limier tient à la main.

(2) Cette antipathie est si forte qu'on rencontre peu de chiens faisant curée du loup. Dans les grands équipages on ne parvient à leur en faire manger qu'en le déguisant en quelque sorte à l'aide d'une préparation culinaire.

enveloppe de peau de loup..., affecter une certaine gaieté, se réjouir avec lui, fredonner un petit air de chasse, tout en le précédant de quelques pas sur les côtés de la voie. S'il y goûte, s'il s'échauffe, s'il flaire hardiment, s'il tire sur le trait, s'il se rabat enfin pour suivre l'animal dans son fort, chantez victoire! ce chien accuse toutes les qualités d'un excellent limier, il se peut que, ne comprenant pas bien encore ce qu'on exige de lui, il fasse des fautes, crie au lieu de garder le mutisme le plus absolu, chante même, peut-être bien à la façon des poltrons pour se donner du cœur...; tout cela a été prévu, et une légère saccade imprimée au trait le réduira promptement au silence.

On s'éviterait bien des soins et des fatigues en faisant accompagner son élève par un limier dressé, mais ce luxe n'est pas à la portée de tous les chasseurs.

Les voies de loup sont froides, on les obtient rarement de bon temps; il faut habituer le sujet à suivre les mauvaises aussi bien que les bonnes. Dans ce but, et pour lui en faire mieux apprécier encore la différence, on le conduit sur le contre-pied durant quelques instants, évitant lors des premières leçons de le faire goûter à des voies trop chaudes, crainte de surexcitation; l'enlevant au besoin hors de la voie, en le soulevant de terre, pour l'affermir dans son travail et le lui faisant recommencer plusieurs fois de suite, de plus loin en plus loin, durant l'espace d'une heure chaque matin, par le temps le plus favorable.

Soumettant son intelligence à une plus rude épreuve, on le fait quêter dans un carrefour où les voies, après s'être mêlées, se bifurquent, s'éteignent, se ravivent. Bientôt, passant à un exercice moins élémentaire, on opère le simulacre complet d'un rembûchement, en achevant de contourner le buisson; on pénètre dans le fort, on fait goûter le limier aux portées, tout en veillant à ce qu'aucun échauffement de quête ne le fasse ni s'enlever ni crier, surtout en approchant du liteau. Considérant toutefois comme un symptôme de hardiesse les rares coups de gorge qu'il pourrait donner pour ainsi dire malgré lui : les jeunes chiens expriment leur sentiment d'une façon plus bruyante que les vieux.

Le plus difficile n'est donc pas de rencontrer des voies de loup, la manière vagabonde dont cet animal fait ses nuits en seconde la recherche, mais de les rencontrer assez fraîches pour en espérer de bons résultats. D'ailleurs, toutes les leçons ne sauraient se passer en quêtes stériles; il faut bien finir par contrôler le travail du chien, sa sûreté et le mettre en présence d'un loup bondissant sous ses yeux.

Dans un rembûchement sérieux, il est vrai, le piqueur, au lieu de pénétrer jusqu'au liteau, se retire prudemment dans la crainte d'éveiller l'attention de l'animal. C'est en prenant le contre-pied de sa nuit qu'il doit chercher à compléter les renseignements dont il a besoin pour confirmer son jugement sur l'âge, le sexe, et faire son rapport à l'assemblée.

La quête d'un vieux loup est plus droite que celle d'un louveteau, et en cela elle plaît mieux au jeune limier, mais elle est désespérante de continuité; les nuits de cet animal enveloppent un pays entier, depuis l'abord des villages jusqu'aux acculs de la forêt. Son pied est partout et lui nulle part; ses heures de rentrée et de sortie (1), ses demeures sont incertaines; on a vu le même loup traverser la quête de dix valets de limier en travail, sans qu'aucun d'eux fût parvenu à le remettre.

Plus confiants que les vieux loups, les jeunes rôdent pendant le jour et donnent souvent aux mares. D'ordinaire, c'est

(1) Alors que la plaine est couverte de récoltes, les loups, pouvant voyager au grand jour sans être aperçus, rentrent dans leur fort beaucoup plus tard que durant l'hiver. Il est arrivé à des piqueurs de terminer leur quête sans avoir rencontré de voies de loups, et à la sortie du bois de se croiser avec elles.

dans les jeunes taillis, les bosquets, les buissons à portée des
plaines qu'un chasseur intelligent doit commencer la quête;
c'est là qu'il a le plus de chance de rencontrer la voie chaude
d'un jeune loup; voie directe, toute de faveur, qui achève la
nuit et conduit sûrement au rembûchement. En résumé, rien
de plus divertissant que la chasse des louveteaux; rien de
plus décourageant que la chasse des vieux loups.

Détourner un animal, c'est en quelque sorte chercher à démêler un écheveau de fils embrouillé; vous tirez un bout,
puis l'autre, et toujours vous êtes arrêté par un nœud; c'est
l'impasse où aboutissent toutes les voies. Un vieux limier se
tirerait sans doute d'affaire tout seul, un jeune ne prend aucun soin de cet embarras; il vous regarde et semble vous
dire : Maître, que faut-il faire? Le cas est grave, car il ne
s'agit plus, comme dans les défauts, de retrouver à grand
renfort de bruit la voie sur un autre point, mais de la suivre
silencieusement, *à pas de loup*, sans la quitter, car si on la
perd une fois il ne reste plus qu'à plier bagage.

Voilà bien la théorie; quant à la pratique, elle est ce qu'on
la fait : l'expérience du veneur, la nature et la fréquence de
ses leçons sont les auxiliaires qui hâtent ou retardent la parfaite éducation de l'élève. Le meilleur limier est celui qui ne
se rabat jamais de voies trop vieilles; s'il contractait l'habitude contraire, il éterniserait la quête; le temps, c'est de l'argent, a dit Franklin.

Tous les modes de chasse qui nécessitent l'emploi d'un chien
quelconque, ne fût-ce que pour suivre au sang (aux rougeurs
en style de vénerie) l'animal blessé, sont de notre compé-
tence, les pièges et le poison s'excluent naturellement. Je
n'oserais en blâmer l'emploi, mais à vrai dire ce n'est plus
l'exercice de la chasse.

Il est à remarquer néanmoins que la méfiance des animaux,

augmentant avec le nombre de leurs ennemis, force de modifier les pièges (1) qu'on leur tend; tandis que les hommes, au
contraire, depuis le commencement du monde sont toujours
pris au même piège. Encore une observation à l'avantage des
animaux.

LA CHASSE DU LOUP

Analysons d'abord la chasse la plus usuelle, celle que pratiquent les neuf dixièmes des lieutenants de louveterie.

Il n'est pas donné à tout le monde d'avoir un équipage complet pour loup, ce qui nécessite des relais en chevaux, en
chiens, et conduit, en fin de compte, à forcer plus de chevaux
et de chiens que de loups. Le louvetier qui possède un bon
limier et quelques couples de chiens bien créancés est parfaitement en mesure, une seule chose lui manque... ce sont
des loups; n'en a pas qui veut. Je connais des louvetiers qui
n'ont jamais vu une simple voie de cet animal.

Vous faites-vous une juste idée de la satisfaction du louvetier qui a reconnu à des indices certains, aux allées et venues
d'un loup accompagné d'une louve, à des débris d'animaux
domestiques..., à de jeunes voies de louveteaux, que la famille
tout entière a pris domicile dans un buisson du voisinage (2)?
Non, vous ne suspecterez jamais l'étendue de sa joie si, à cette
question toute de plaisir, ne vient pas se mêler une question
de devoir et d'utilité publique.

A dater de cet instant, le louvetier, sans cesse sur les traces

(1) Le piège le plus en usage est la fosse recouverte de légères branches, qui cé-
dant sous le poids de l'animal le retiennent prisonnier. Une fois pris le loup est
d'une lâcheté proverbiale; on cite dans tous les livres de chasse l'épisode d'un
loup, d'une femme et d'un renard tombés successivement dans une fosse à bascule.
Lorsqu'ils furent retirés tous les trois pleins de vie, le plus honteux était le loup.

(2) La louve apprend, dit-on, à ses louveteaux à emboîter le pas; le fait est qu'ils
pratiquent si bien cet exercice qu'en temps de neige on ne distingue parfois
qu'une voie là où il y en a plusieurs.

de la portée, la couve du regard, l'entoure de soins, l'entretient dans une sécurité trompeuse et, le grand jour arrivé, il
procède à sa destruction avec cette entente qui dénote le vrai
praticien.

Ne craignez pas qu'il convoque le ban et l'arrière-ban des
chasseurs de la contrée, ainsi que cela se pratique pour les
classiques battues au loup, si fatales au menu gibier et servant de prétexte aux épisodes les plus dramatiques et les plus
grotesques à la fois.

Un jour, comme je finissais de placer les tireurs, j'entends
une première détonation, puis une seconde... à intervalle régulier. Soupçonnant quelque loup de s'être dérobé d'effroi,
je m'empresse d'accourir au bruit, et je trouve un chasseur
dans une joie extrême; il avait tiré sur deux loups, disait-il;
or, les deux loups en question n'étaient autres que la cas-
quette, non de loup, mais de loutre d'un tireur placé en retour à l'angle du bois et sur lequel j'ai eu toute la peine du
monde à l'empêcher de faire feu pour la troisième fois. Le
plus piquant de l'aventure, c'est que le chasseur servant de
point de mire à chaque mouvement qu'il faisait ne s'était pas
même douté des dangers qu'il avait courus. Je leur ai gardé
le secret à tous les deux. Trop de gens confondent les dangers avec les actions d'éclat. Ils se pavanent dans leur gloire...
demandent la croix et ne vous saluent plus.

Non, dis-je, ce n'est point de tels hommes que notre praticien réclame le concours, mais de chasseurs calmes, adroits,
modestes, disciplinés; de ces chasseurs enfin qui savent, dans
un but d'intérêt général, faire litière de leur propre gloire.

Avant de frapper aux brisées (1), le louvetier, laissant à

(1) Dès qu'on est parvenu à détourner un loup ou une portée de louveteaux, il
faut procéder à l'attaque le plus tôt possible, dans la crainte que les animaux ne
vident l'enceinte.

l'écart la petite meute dont il dispose, a toujours soin de placer les tireurs à bon vent autour de l'enceinte : il serait même à désirer que chacun, au lieu de gagner le poste qui lui a été désigné en suivant la même route, ainsi que cela se pratique, eût la précaution de s'y rendre par un chemin différent; le bruit qui parvient de tous les points à la fois dispose moins l'animal à fuir qu'à se raser ; effet expérimenté par Jules Gérard sur les grands carnassiers de l'Algérie.

Ayant donc fait garder avec soin les chemins, les carrefours, les faux-fuyants, les coulées, refuites présumées des animaux, le louvetier pénètre dans le fort avec un seul chien d'attaque qu'il appuie de très-près : bientôt quelques coups de gorge se font entendre... les animaux sont debout, la meute découplée rallie à cette voix si connue, et dans ce sauve-qui-peut général elle n'a que le choix de la bête (1). Tandis que le vieux loup, type de bas égoïsme, se dérobe au premier bruit, sans se préoccuper de sa progéniture, les louveteaux, se faisant chasser à tour de rôle dans l'intérieur de l'enceinte qu'ils n'osent franchir, succombent jusqu'au dernier.

Exemple de tendresse maternelle : la louve ne quitte pas le buisson tant qu'elle a l'espoir de sauver un seul de ses petits... elle traverse la voie à chaque instant, essaie de la briser, de se donner à la meute dans des à-vues successifs, et finit par tomber elle-même sous les coups des tireurs ou sous la dent des chiens (2). Sublimes de dévouement, toutes les mères se rassemblent; voilà pourquoi, moi homme, je voudrais être la mère et non le père de mes enfants.

C'est ainsi que dans une chasse toute de plaisir, mieux encore, de devoir, on a rendu aux cultivateurs un service si-

---

(1) Les chiens, les jeunes surtout, donnent toujours dans leur attaque la préférence aux louveteaux sur les vieux loups.

(2) Le loup se tire à plomb. Il a donné son nom au double zéro, dit plomb à loup, mais trop souvent plomb à homme.

gnalé, purgé la contrée de dangereux visiteurs, et donné à une jeune meute une excellente leçon qui décide de son avenir. Les chasseurs qui tenteraient de se rendre maîtres d'une portée de louveteaux, sans faire usage de leurs armes, devraient les attaquer avec des chiens doués de grands moyens, afin de les réduire, nonobstant la fréquence des changes signalés. Je les engagerais, pour plus de précaution encore, à tenir une partie de leur meute en réserve afin de ne pas se trouver désarmés en présence de louveteaux, si la louve parvenait, selon sa tactique habituelle, à entraîner la meute au loin.

Telle est la manière la plus destructive de chasser le loup et les louveteaux depuis le commencement de juin jusqu'à la fin d'août, époque à laquelle on n'aurait plus déjà aussi bon marché de ces derniers. Aussitôt qu'ils ont mis le pied dans les chaumes, ils prennent une vigueur telle qu'ils pourraient tenir des heures entières devant un équipage de premier ordre.

Admettons qu'au lieu d'une portée de louveteaux on soit parvenu à détourner un vieux loup qu'on n'aurait ni le temps ni les moyens de forcer ; dans ce cas je conseillerais de l'attaquer, non avec toute la meute, mais avec une seule couple de vieux chiens faciles à rompre, et qui suffirait pour indiquer aux tireurs postés à l'avance la direction suivie par l'animal. Il est plus facile de remettre dans le même bois un loup tiré et manqué en plein jour que celui qui a subi la poursuite à outrance de plusieurs chiens ; celui-là ne se croit en sûreté que lorsqu'il a changé de pays.

C'est surtout dans sa manière de se recéler que la rouerie d'un vieux loup se dévoile. Un garde m'a attesté avoir vu, sublime supercherie ! un loup gagner en temps de neige son fort à *reculons*. Parodiant cette ingénieuse rubrique, un bra-

connier, afin de mieux dépister les gardes, s'était fait confectionner des souliers dont la semelle (espèce de patin), placée
en sens inverse, ne laissait de son pied qu'une empreinte
trompeuse. En chasse, le loup, dédaignant les petits moyens,
perce, se forlonge, et si parfois il se permet un retour le
long d'une lisière, c'est pour éviter de s'engager à découvert
dans une plaine qui ne fait pas partie de son itinéraire. Quand
par hasard les chiens tombent à bout de voie, on est à peu
près certain de relever le défaut en prenant les grands devants; il est rare que le loup se relaisse en arrière.

En résumé, la chasse à force de chiens est si laborieuse
qu'on serait encore plus certain du succès en faisant fouler le
bois par des rabatteurs intelligents. Mais hélas! toute médaille a son revers; si les rabatteurs effraient moins les animaux que les chiens, ils ont un autre inconvénient, celui de
ne plus les effrayer assez et de laisser forcer leur ligne de
bataille.

Effet digne de remarque, les animaux timides, du moins la
plupart, semblent ne se préoccuper que du bruit; ils fuient
dans la direction opposée, tandis que les autres ont toujours
soin de prendre le vent; prouvant par là qu'ils s'inquiètent
moins de l'attitude bruyante de ceux qu'ils voient ou entendent que du mystérieux silence de ceux qu'ils sentent.
Comment expliquer autrement cette persistance à essayer de
forcer la ligne des rabatteurs, au lieu de percer en avant et
de se diriger sur les tireurs. Enfin, soit instinct ou réflexion,
toujours est-il que le loup agit de la sorte; l'odorat pour lui
c'est la vue. Chassé par les chiens ou poursuivi par les hommes,
il fuit le nez au vent; peu lui importe de laisser derrière lui
des émanations fraîches et chaudes, pourvu qu'il reçoive dans
les mêmes conditions celles des ennemis qui pourraient surgir sur la route.

Donc, à moins de disposer d'un équipage princier, d'avoir du temps et de l'argent à perdre, on serait bien naïf de chercher à forcer laborieusement un animal dont on serait autrement certain de triompher avec le seul concours d'un bon limier et de quelques tireurs d'élite.

J'ai connu des chasseurs qui n'auraient cédé à aucun autre le plaisir de détourner un animal; noble travail qui fait mieux apprécier encore la suprême intelligence du chien. Le savant et judicieux Toussenel l'a dit : « S'il y avait quelque justice « dans ce monde, ce serait le chien qui tiendrait son maître « en laisse. »

Tout écrivain a le droit d'être un peu conteur, attendu sans doute que cet attentat à la vérité n'a pas été prévu par le Code pénal; mais il est de certaines limites qu'il ne saurait franchir sans encourir les railleries de ses lecteurs. C'est donc très-sérieusement que je me permets de produire un nouveau mode de rembûchement découvert par un berger de ma connaissance; tout berger est sorcier comme on sait.

— « Faites attention, me dit le pasteur d'un troupeau, il y a un loup dans cette enceinte.

— Vous l'y avez donc vu entrer? lui demandai-je.

— Non, mais la terreur éprouvée par mes moutons en longeant le bois m'a révélé sa présence... »

Et en effet le loup était bien dans l'enceinte signalée. Bref, cela a excité ma curiosité; j'ai questionné le berger et j'ai acquis la certitude que ses moutons le prévenaient de la présence du loup, bien avant que ses chiens n'en eussent connaissance. Si je ne me suis pas encore mis en quête avec ce limier d'une nouvelle espèce, c'est pour en laisser les prémices à mes lecteurs.

Au fait, pourquoi des moutons n'éventeraient-ils pas dans les bois les loups qu'ils éventent dans la plaine? car c'est à cela que se réduit toute la question. Raillez, mes maîtres, soit; mais expertisez et, mieux édifiés sur cette découverte, peut-être partagerez-vous ma crédulité. Dans le siècle des tables tournantes et parlantes, on serait d'ailleurs peu fondé à dénier aux animaux certaines facultés exceptionnelles. Autre argument : les oies du Capitole ont prouvé qu'elles avaient plus de nez que les chiens, pourquoi les moutons seraient-ils moins bien partagés que les oies?

Mon ami Bombonnel (1), le célèbre tueur de panthères, sous l'inspiration duquel j'écris en ce moment les chasses palpitantes qu'il a faites en Algérie, nous révèle que la chèvre est de tous les animaux celui qui semble doué de l'odorat le plus fin.

La vie de cet héroïque chasseur, qui complète, avec Delegorgue, la trinité cynégétique dont Gérard est le chef suprême, repose tout entière sur cette judicieuse observation. D'ordinaire la mémoire est ingrate; quand elle nous apprend un nom, elle nous en fait presque toujours oublier un autre; le cœur du chasseur est à l'abri de cette commune faiblesse; pour lui un nom nouveau est la sauvegarde d'un nom ancien et aimé. Revenons à notre sujet.

Après les battues, qui offrent sans contredit les moyens les plus expéditifs de se défaire des loups, on a recours à de nombreux modes de chasse, tels que la hutte, la traînée, l'affût et les pièges. Quant à l'emploi du poison, l'expérience a démontré qu'il faisait plus de victimes parmi les chiens que parmi les loups.

La hutte est un petit logement volant construit à l'aide de branches d'arbres dans lequel on a ménagé une fenêtre expo-

(1) Les chasses de Bombonnel jetteront un nouveau jour sur les mœurs et le caractère d'un animal qui semble avoir été étrangement méconnu.

Gérard a corrigé Buffon, Bombonnel redressera également *ex professo* les erreurs des historiens et des naturalistes.

sée au midi, afin que l'appât, composé de bêtes vivantes ou
mortes, soit ainsi que la hutte éclairé par la lune, attendu
que cette chasse ne se pratique que la nuit et durant les hivers rigoureux. C'est à l'intelligence du chasseur qu'on s'en
remet pour le choix d'un emplacement convenable.

La traînée est la conséquence de l'appât; on le promène par
les bois jusqu'au lieu de l'affût. D'ordinaire cet appât pour
loup se compose d'un chat rôti, enduit de miel; on le suspend
à une branche d'arbre à portée des loups. La traînée c'est
l'affût.

On chasse encore le loup en entourant de panneaux le buisson dans lequel il s'est rembûché. Ces panneaux, en fort filet
de chanvre, ou en toile double, simulent des enceintes dans
lesquelles on exécute des battues qui amènent inévitablement
la mort de l'animal.

Quant aux pièges, toujours d'un usage dangereux (lorsqu'on en tend pour loup, on court souvent le risque de tendre
pour homme), le plus usité est encore le traquenard à bascule, simple ou double, de forte dimension (*voir* le chapitre
du Renard). Mais aucun de ces procédés n'a jamais valu un
bon limier, une bonne arme et un bon chasseur.

On dépouille le loup en le suspendant par les cuisses;
après quoi on en fend la peau depuis les pattes de devant jusqu'à la poitrine et depuis celles de derrière jusqu'au bout de
la queue, en ayant soin de dégager les pattes de devant avant
celles de derrière, et de couper les cartilages des oreilles
pour les rendre adhérentes à la peau.

Un dernier mot : la réputation de finesse que les poëtes
ont faite au renard est usurpée; elle revient de droit au loup,
le plus rusé de tous; ce dont un auteur ancien était parfaitement convaincu quand il a écrit, il y a de cela quelque chose
comme cinq cents ans :

« Quelquefois il arrive que la louve cache les captures

« qu'elle a pu faire ; le loup, surpris de ce qu'elle ne rapporte
« rien, va lui flairer au nez. S'aperçoit-il qu'elle sente la chair,
« il la maltraite assez vivement, jusqu'à ce qu'elle l'ait mené
« à l'endroit où est la cachette. La mère louve une autre fois
« use de plus de finesse et va se laver *la gueule* dans une mare
« à la fin de chaque repas, pour ne pas conserver l'odeur de
« ce qu'elle a mangé. » (Gaston Phœbus.)

Depuis longtemps je me demandais *in petto* quel est l'animal immonde qui a imaginé ces affreux rince-bouche, faisant l'office de gargarismes à la fin de nos repas... Je le connais maintenant..., c'est la louve de Gaston Phœbus.

Terminons par un aphorisme : Le loup est ton ennemi, dit l'homme au mouton, et le mouton d'accourir dans les bras de l'homme qui le dévore. Avis aux moutons.

Dessiné par V. Adam
Lith. ar J. Godard

CHAPITRE IV

LE LIÈVRE

La France est de tous les pays de l'Europe celui qui se prête
le mieux à la chasse de la petite propriété; de même qu'on a
ses garennes, ses champs, ses bois, ainsi, à l'aide d'une association intelligente, on jouit de la conservation de vastes
forêts; mais n'eût-on que celle de quelques hectares, qu'on
pourrait encore se livrer à l'exercice de la chasse à courre et
notamment à celle du lièvre, la chasse la plus savante et la
plus agréable à la fois (1), soit qu'on le tue impitoyablement

(1) Louis XIV est le premier roi qui ait eu une meute pour lièvre. Afin d'amu-
ser ce monarque les jours où il ne pouvait se livrer à de grandes chasses, le duc
de Larochefoucauld lui avait donné une meute de petits chiens, qui chassaient le
lièvre parfaitement et avec lesquels il prenait ce divertissement les jours de dîners
dans son parc.

au fusil, ou qu'on le réduise loyalement à force de chiens (1).
Nos préceptes d'ailleurs s'adressent aux veneurs et aux chasseurs ; que chacun se fasse sa part comme on se la fait d'un
sermon.

Je ne vous donnerai pas la description zoologique du
lièvre (2), que vous connaissez aussi bien que moi ; vous savez que le mâle se nomme bouquin, la femelle hase, les petits levrauts et qu'en terme de vénerie tout lièvre chassé se
nomme lièvre de meute.

Le chasseur au chien d'arrêt ne connaissant de ce charmant petit quadrupède que sa persistance à revenir cent fois
de suite aux mêmes lieux essuyer le même nombre de coups
de fusil, les chasseurs, dis-je, n'ont aucune considération
pour lui ; les poëtes n'en ont pas eu davantage, témoin notre
bon Lafontaine :

> Il partit comme un trait, mais les élans qu'il fit
> Furent vains : la tortue arriva la première.
>
> (*Le lièvre et la tortue.*)

Ce dernier trait résume la profonde stupidité apparente du
lièvre ? Que pourrait-il donc lui rester ? Je vais vous le dire...

(1) Au xv⁰ siècle, Galias Visconti, duc de Milan, chassait le lièvre avec des léopards. « Il y avait à cette chasse à laquelle j'ai assisté, dit un historien du temps,
trois ou quatre léopards portés en croupe par des chasseurs à cheval. En avant
marchaient quelques chiens pour faire lever les lièvres que les léopards prenaient
à la course. »

(2) Les anciens confondaient ensemble le lièvre et le lapin : il est dit dans les
vieux livres de vénerie que les chasseurs bouchaient les terriers *des lièvres* ; évidemment c'est du lapin qu'il est question. Il y a des lièvres de toutes couleurs. Les
lièvres du Mont-Cenis sont blancs l'hiver, ainsi que ceux de Norwége : en revanche, on en voit de tout noirs, d'autres qui ont le pelage du lapin. Le lièvre d'Algérie est moitié de celui de France... En avançant vers le nord il est de plus gros
en plus gros.

Solitaire et silencieux, on n'entend la voix du lièvre que lorsqu'on le saisit ou
qu'on le blesse : alors il pousse des cris qui ont quelques rapports avec la voix
humaine.

Il lui reste, en dehors de la science, car il est des lièvres savants... j'en ai vu un à Étampes qui tournait (jeu cruel) la broche où rôtissait un autre lièvre; il lui reste, dis-je, la ruse, la finesse, la réflexion; en un mot, la réunion de toutes les qualités qui en ont fait la bête de chasse par excellence, rien que cela; la seule enfin que jamais piqueur et chiens ne soient parvenus à forcer par un mauvais temps. Chapeaux bas, chasseurs, respect au lièvre, plus rusé à lui seul que tous les cerfs, les chevreuils, les loups et les renards de la création. Aussi n'est-ce pas sans raison que l'immortel Leverrier de la Conterie (son opinion en pareille matière vaut bien celle des poëtes), le premier veneur des temps modernes, a proclamé la chasse du lièvre la clef de toutes les chasses (1).

Le lièvre vit de sept à huit ans et meurt bien rarement de vieillesse.

> Point n'est de plaisir sans péril,
> Point n'est de route sans encombre,
> Si le lièvre portait fusil,
> On n'en tûrait pas si grand nombre,

a dit notre charmant et spirituel poëte cynégétique De Fos. En outre des chasseurs, des chiens et des braconniers, le lièvre a pour ennemis tous les carnassiers grands et petits; quelques naturalistes soupçonnent même le sanglier de goûter à sa chair. Hélas! contre tant d'ennemis une seule arme : sa fécondité (2).

(1) Le lièvre qui vit dans les bois passe, à tort ou à raison, pour être plus agile que le lièvre de plaine : j'aurais pensé le contraire. Celui qui habite les montagnes est le plus fort et le plus gros de l'espèce : il pèse jusqu'à six kilogrammes. Les lièvres ordinaires ne pèsent en moyenne que de trois à quatre kilogrammes. Plus on avance vers le nord, moins leur pelage est foncé. Les anciens auteurs font mention d'une espèce de lièvres *cornus*, communs en Norwége : ils auront pris de jeunes boucs pour des lièvres.

(2) Une jeune hase fait au moins trois portées par an, et une vieille de quatre à cinq. Le lièvre engendre en toutes saisons. Après le lapin, c'est l'animal le plus fécond.

La voie du lièvre est reconnaissable ; soit qu'il marche d'assurance ou qu'il s'élance par bonds, toujours ses pieds de derrière couvrent l'empreinte de ceux de devant. Il a le talon large, le bout de pied serré, étroit et pointu ; les ongles gros, courts et usés.

La hase a la voie plus ouverte et plus longue que le bouquin, les ongles moins usés ; elle est d'ordinaire plus corsée et plus pesante ; ses crottes aussi sont plus grosses, mieux moulées et moins sèches, attendu, disent les naturalistes, « qu'elle viande et digère plus tranquillement » ; la couleur de son pelage est aussi plus foncée.

Un chasseur expérimenté ne saurait les confondre ensemble, soit qu'il en juge par corps ou seulement par pied.

Le lièvre ne vit pas en pleine forêt, il se rapproche des lisières, va au gagnage dans les champs, dort le jour et se repaît la nuit.

Dans les pays où il n'est jamais inquiété par les chiens courants, le lièvre se choisit un gîte selon le temps (1), ce qui a fait dire de lui qu'il est un excellent astrologue. Toutefois, on ne le voit jamais prendre à l'égard de ses ennemis aucune précaution inusitée, tandis que dans les plaines fréquentées par les lévriers et les chiens courants il s'efforce de dérober la connaissance de son gîte par des détours de ruses, et en dernier lieu par un saut qui l'isole complètement de ses voies, ainsi qu'on a pu s'en assurer en temps de neige.

En guerre comme en chasse, il est bon de connaître la tactique de son ennemi : souffrez donc que j'emprunte à l'auteur

---

(1) Le lièvre se gîte et se cantonne selon les temps et les saisons.

Par la pluie, il gagne les coteaux pierreux, dénudés, où poussent les chardons ; les abords des carrières, les chaumes secs, les vieux labours, les bruyères et les bois élevés.

L'hiver, il cherche un refuge dans les buissons les plus épais.

Au printemps, il se relaisse dans les blés verts et les jeunes taillis.

qui a le mieux décrit la chasse du lièvre, à Leverrier de la
Conterie, la description analytique des précautions que prend
ce petit quadrupède en se rendant à son gîte. Je ne laisserai
jamais échapper l'occasion de donner à de bons préceptes
l'autorité d'un grand nom :

« Le lièvre, à sa sortie du gagnage, tire d'abord dans ses
« voies, puis il dessine d'endroit en endroit quelques lignes
« courbes qui ne causent que de très-petits embarras ; mais
« lorsqu'il se sent bien ressuyé et qu'il voit l'heure et le mo-
« ment de se gîter, alors il gagne un chemin et le suit jus-
« qu'au premier carrefour ; s'il est composé de trois ou quatre
« autres chemins, il va et vient dans tous, puis sort du der-
« nier où il se trouve pour entrer dans le champ voisin, où il
« fait mille allées et venues, après quoi il rentre dans le même
« chemin par la même brèche et retourne à son carrefour,
« d'où il revient sur ses voies jusqu'au milieu de celles qu'il
« a formées dans le premier chemin qu'il a pris en sortant
« de son ressui : là il s'arrête à réfléchir un instant et tout à
« coup il se jette de côté par-dessus la haie et traverse en
« droite ligne le champ où il est entré jusqu'au fossé, même
« jusqu'au bois de l'autre part, s'il y en a un ; mais au lieu
« d'y demeurer il revient sur lui dans ce fatal chemin, qu'il
« abandonne enfin, en passant du côté opposé à celui où il a
« fait ses dernières ruses, pour aller se gîter en lieu conve-
« nable au temps qu'il a prévu qu'il ferait ce même jour. »

Je vous demande s'il est permis de refuser l'intelligence, la
réflexion, le jugement, l'âme même à une bête qui imagine
une tactique aussi savante. C'est-à-dire que le bon Dieu a
très-bien fait de me faire naître homme, car jamais je n'aurais
eu assez d'esprit pour être lièvre.

Maintenant que, dans une analyse qui témoigne de la profondeur de ses connaissances pratiques, le grand maître nous

a dévoilé les principales ruses d'un bon lièvre se rendant à
son gîte, nous devons, avant de découpler, apporter tous nos
soins à éviter de lancer une hase ou un levraut, crainte de remords, de préjudice, ou mieux, crainte de perdre notre temps
à chasser des bêtes qui ne sauraient procurer aucun agré-
ment.

Moins confiante dans ses forces que le bouquin, la hase,
bien que sortant de son gîte plus tôt que lui, ne prend jamais
un parti décidé. Elle fait des randonnées successives, opiniâtres, mêlées de retours, de hourvaris; elle ruse près des
fermes, se relaisse souvent et n'hésite pas, quand elle est sur
ses fins, à pénétrer dans les villages, ce qui la sauve quelquefois, car le paysan devient son allié, non par amour pour
elle, mais par haine pour nous autres chasseurs. C'est ainsi
que dans la vie les ennemis des uns deviennent les amis des
autres.

Le moyen le plus sûr de ne pas s'exposer à lancer une hase,
c'est de commencer la quête loin des habitations, au bas des
coteaux arides, pierreux, dénudés, séjour ordinaire des vieux
bouquins.

Il est reconnu en principe que pour avoir d'excellents chiens
on ne doit jamais les exposer à chasser d'autre gibier que celui à la tête duquel on les destine : toutefois, cette condition
étant trop absolue, je ne la maintiendrai dans toute sa rigueur qu'à l'égard du lapin.

Évidemment les meilleurs chiens sont les demi-briquets
(*voir* le chapitre des Chiens courants) ni trop lents, ni trop
légers, sûrs, bons rapprocheurs, bien ralliés, de vitesse
égale; mais dussiez-vous les remplacer par des bassets médiocres que je ne vous plaindrais pas encore, si un bon chien
de tête vous restait pour donner l'impulsion à votre meute
et lui assurer tous les succès que je lui souhaite. En fait de
chiens, on n'a pas toujours ce qu'on veut, mais ce qu'on peut.

On découple a environ trois cents pas du point présumé de l'attaque, pour laisser aux chiens le temps de se dégourdir les jambes et de *se préparer*, expression pleine de décence. Une fois en quête, on les actionne doucement à bon vent en se tenant un peu en arrière d'eux, mais assez près toutefois pour pouvoir leur donner aide et protection : on ne sait pas ce qui peut arriver.

Un de mes amis suivait ses chiens, quand tout à coup il entend l'un d'eux accentuer des notes inusitées (le chasseur ne s'y trompe pas) : il accourt et trouve son meilleur chien, l'œil hagard, l'écume à la bouche, faisant des efforts pour s'élancer sur lui; mais, épuisé par l'excès du mal, le malheureux animal retombait pour se relever et retomber encore.

C'était précisément à cette époque périodique de l'année, où les arrêtés administratifs évoquent avec une recrudescence inexorable les prescriptions les plus rigoureuses; où toutes les populations éprouvent une secrète hallucination à l'égard de la rage (1); où l'on tue les chiens et les chats, où l'on tue-

(1) Dussé-je faire une sorte de concurrence au savant professeur M. J. Prudhomme, auteur du *Traité sur les maladies des chiens*, placé à la fin du *Chasseur rustique*, je crois devoir transcrire ici l'avis publié par le Conseil supérieur de salubrité, rappelant aux chasseurs que ce qui est bon pour les hommes est également bon pour les chiens :

« CONSEIL DE SALUBRITÉ. — *Précautions contre l'hydrophobie.* — Le Conseil de salubrité vient d'émettre l'avis suivant, utile pour les personnes qui seraient mordues par des chiens enragés :

« Les chiens sont au nombre des animaux chez lesquels la rage peut se développer spontanément, et par lesquels elle se communique ensuite avec le plus de facilité. On croit communément que la rage se déclare plutôt chez ces animaux pendant les grandes chaleurs et les grands froids qu'à toute autre époque. L'ignorance où l'on est, en général, des premiers moyens préservatifs à employer, en cas de morsure, a souvent occasionné de graves accidents. Ces divers motifs ont déterminé la publication de l'avis suivant :

« I. Toute personne mordue par un animal enragé, ou soupçonné tel, devra, à l'instant même, presser sa blessure dans tous les sens, afin d'en faire sortir le sang et la bave.

« II. On lavera ensuite cette blessure, soit avec de l'alcali volatil étendu d'eau,

rait les hommes sous le prétexte le plus frivole. Hélas! le devoir, la nécessité, le soin même de sa propre sûreté commandaient au chasseur un impérieux sacrifice. Ne pouvant plus

soit avec de l'eau de lessive, soit avec de l'eau de savon, de l'eau de chaux ou de l'eau salée, et, à défaut, avec de l'eau pure, ou même avec de l'urine.

« III. On fera ensuite *chauffer à blanc* un morceau de fer, que l'on appliquera profondément sur la blessure.

« Ces moyens bien employés suffiront pour écarter toute espèce de danger. Il est inutile de dire que toutes les fois qu'ils pourront être administrés par un homme de l'art, il y aura avantage pour la personne mordue; et que, dans tous les cas, il sera nécessaire d'en appeler un, même après l'emploi de ces moyens, attendu qu'il pourra seul bien apprécier la profondeur des blessures, et qu'une cautérisation qui aurait été incomplètement faite serait sans efficacité.

« On ne saurait trop rappeler au public le danger qui existe dans l'usage des prétendus spécifiques que vendent et distribuent les charlatans. On ne connaît, jusqu'à ce jour, de préservatif certain contre la rage que la cautérisation suivie d'un traitement local convenable.

« Comme il est avantageux de ne pas tuer, comme on le fait ordinairement, les chiens qui auraient fait des morsures, afin de constater s'ils sont véritablement enragés, on prévient que ces chiens seront toujours reçus à l'École vétérinaire d'Alfort. »

En présence des nombreux accidents qui se produisent sur tous les points de la France, est-ce trop exiger des chasseurs que de les engager à se précautionner d'un petit flacon d'alcali volatil? Préservatif également puissant contre la rage, la morsure des vipères et la piqûre des insectes venimeux.

Dans l'Inde, où abondent serpents et scorpions, chaque soldat reçoit, en entrant en campagne, sa petite provision d'alcali volatil qu'il est forcé de représenter à chaque inspection.

Du traitement de la morsure des vipères, par le docteur Orfila : — « Ouvrir la plaie, la presser pour faire écouler le sang, la laver à grande eau.

« Verser sur la plaie quelques gouttes d'alcali volatil sans mélange.

« Imbiber un peu de charpie d'un mélange moitié eau et moitié alcali, y ajouter un peu de camphre en poudre, placer la charpie sur la plaie, et la recouvrir avec une bande de linge que l'on mouillera de temps en temps à l'aide du mélange indiqué pour entretenir l'humidité.

« Boire en deux fois un verre d'eau sucrée, dans lequel on aura versé environ douze gouttes d'alcali, c'est-à-dire moitié du verre chaque fois.

« Au moment de la morsure il faut serrer fortement le membre atteint jusqu'à l'emploi de l'alcali.

« On vient de rapporter d'Abyssinie une racine qui promet un remède encore plus souverain. Elle est à l'étude.

« *N. B.* Même traitement pour le chien. »

douter que son malheureux chien ne fût enragé, il lui déchargea ses deux coups de fusil dans la tête.

Ce fait douloureusement accompli, il s'approche du cadavre de son chien, l'examine, le soulève... O torture sans pareille !... ce chien, dont les transports convulsifs et nullement hostiles avaient fait suspecter les intentions, s'était tout simplement pris à un collet pour lièvre !

Combien de pauvres chiens ont été victimes de pareilles méprises ! J'en demande pardon à mon semblable (notez qu'on désigne ainsi des personnes qui ne se ressemblent en rien), mais est-il bien prouvé que ce soit le chien qui ait inoculé la rage à l'homme ? ne serait-ce pas dans l'origine un homme qui aurait mordu un chien ?

La rage est le choléra des chiens ; quant à celui des hommes, voici une recette extraite d'un vieux livre. Je vous la donne :

> Tiens tes pattes en chaud,
> Tiens vides tes boyaux,
> Ne vois pas Marguerite,
> De ce mal seras quitte.

Nous disons donc qu'il faut dans un *rapprocher* appuyer ses chiens avec une certaine réserve, en prévision des cas où l'on songerait à la rompre, notamment lorsqu'ils s'engagent sur un animal autre que celui qu'on a l'intention de chasser.

Lorsque les chiens rapprochent, ce qui s'annonce par des coups de gorge timides, discrets, incertains, lorsqu'ils crient longtemps de suite sur le même ton, c'est une preuve que les voies restent les mêmes ; car bien qu'elles se rapprochent du lièvre, elles sont néanmoins de plus en plus froides, attendu qu'elles s'éloignent des lieux où il a viandé durant de longues heures et qui ont conservé un sentiment autrement palpable de sa présence. Un novice se découragerait et enlèverait ses chiens dans une autre direction, tandis que c'est un motif de plus de persévérer, attendu que plus on approche du gîte du lièvre et plus la voie devient rare, saccadée, intermittente, par l'attention qu'il a eue de ne s'y rendre que par sauts et par bonds; c'est, dis-je, le moment d'espérer et surtout de se tenir sur ses gardes, afin d'apercevoir le fugitif alors qu'il se dérobe de son gîte, la connaissance d'un animal étant d'une grande importance dans les défauts et dans les changes.

Si cette bonne fortune était réservée au chasseur, s'il revoyait de son lièvre par corps, il devrait, tout en complétant ses observations, éviter d'éveiller l'attention de ses chiens (1), crainte de les engager témérairement dans un à-vue, faute commise par tous les jeunes chasseurs, qui jugent cette sur-excitation favorable, quand elle exerce au contraire une fatale influence sur toute la chasse.

Dans un à-vue les chiens ne se ménageant pas plus que le lièvre sont bientôt aussi haletants que lui et incapables alors de le forcer; ce n'est pas par la vitesse, je le répète, qu'ils doivent triompher, mais par le fond. C'est en gardant la voie sans relâche; c'est en ne laissant pas au lièvre un instant de répit que les chiens, dont on a su ménager les forces avec intelligence, le réduisent d'autant plus tôt qu'ils sont plus nombreux et mieux gorgés. C'est à ce point que je ne craindrais pas d'affirmer, qu'à mérite égal, vingt chiens lents et bien gorgés, je me répète avec intention, forceraient un lièvre en moins de temps que six chiens à la course rapide, impétueuse, mais chiches de voix.

Il arrive parfois qu'on prend un faux gîte pour un vrai : erreur naturelle. Le lièvre commence son gîte, le termine même

___

(1) Par la même raison, lorsqu'on aperçoit un lièvre au gîte il faut conduire momentanément ses chiens dans une autre direction, envoyer quelqu'un faire lever le lièvre et ramener les chiens sur la voie par un retour.

avec l'intention de l'habiter ; mais, dérangé par l'apparition d'un objet quelconque, il fuit vers d'autres parages où il renouvelle ses travaux. Un chasseur expérimenté ne s'y trompe pas ; tout en prenant les grands devants des lieux qu'il a l'intention d'explorer, il juge par la présence des crottes (repaire), dont les chiens goûtent avec tant d'ardeur le sentiment, qu'il est encore loin du gîte. Le lièvre est un animal trop prudent pour laisser près de lui un témoignage aussi évident de sa présence, ou tout au moins de son passage. Règle générale : où il y a du repaire frais, il ne peut y avoir qu'un faux gîte.

L'introduction, le prologue de la chasse, décident du succès plus que de la chasse elle-même. C'est en se maintenant toujours à portée de ses chiens, tandis qu'ils rapprochent, que le chasseur, s'éclairant des moindres particularités de son lièvre, juge s'il est étranger ou du pays, s'il est mâle ou femelle, si c'est un lièvre de bois, de plaine (1) ou de marais ; si aucun incident imprévu, tel que la rencontre d'un troupeau de moutons à l'odeur empestée, n'a pas modifié les phases du lancé. Il peut y avoir retard, mais rien de plus, car, en explorant les gagnages où le lièvre a fait sa nuit (2), il est impossible que les chiens ne finissent pas par le mettre debout. Alors seulement commence la chasse. Ténor, basse et contralto modulent à la fois leur plus suave harmonie. Sous la puissance de ce charme irrésistible, on court, on vole !... Toutes les passions, tous les sentiments étreignent l'âme dans

(1) Avant de se gîter, le lièvre de bois embrouille ses dernières voies en plaine, tandis que le lièvre de plaine fait le contraire ; à moins que le temps ne soit pluvieux, ce qui les dispose tous deux à se relaisser sans coup férir dans les parties les plus dénudées. Mais une fois la chasse engagée, le naturel revient, comme on dit, au galop, le lièvre de bois fait ses plus fortes ruses au bois, et *vice versa*.

(2) On entend, par la nuit d'un animal, ses allées et venues dans la campagne ou dans les bois ; elles sont naturellement plus courtes l'été que l'hiver ; c'est une conséquence de la longueur ou de la brièveté des nuits.

un même instant... On perd la chasse, on la retrouve... Une brise électrique chargée de parfums apporte un accord lointain!... puis tout se tait; au delà des plateaux, des vallées, même silence!... le défaut est consommé.

Au retour! au retour (1)! s'écrie le chasseur haletant... et bientôt au milieu de ses bons chiens, qui interrogent son regard, il s'étudie à renouer les fils rompus de la trame. Fuyant les terrains secs, dénudés, peu favorables à garder le sentiment des portées, il dirige ses recherches vers les parties les plus fourrées et les plus humides. Se rappelant les incidents d'un premier défaut et sachant que le lièvre, routinier dans ses ruses, les renouvelle plusieurs fois de suite de la même manière, surtout quand il tient le même pays, le chasseur, dis-je, n'hésite pas à les combattre à l'aide des moyens qu'il a déjà employés. Mais, avant de modifier le travail de ses chiens, de diriger leur recherche sur un autre point, il les livrera encore durant quelque temps à eux-mêmes, pour les habituer à se servir seuls. Enfin, après avoir exploré toutes les refuites présumées du lièvre de meute, s'il ne parvient pas encore à relever le défaut, nonobstant le soin avec lequel il a accompli les arrières et les devants, il suspectera avec raison son lièvre d'avoir fait un hourvari, à la fin duquel, doublant un instant ses voies, il se sera relaissé dans l'intérieur des terrains explorés par lui et la meute; il le cherche donc en foulant le bois, en frappant sur toutes les broussailles pour le faire bondir de force; car si le défaut a eu lieu après quelques heures d'une chasse bien menée, le lièvre, à demi mort d'épuisement et n'exhalant aucun arome capable d'éveiller l'odorat du chien, ne repartira de son gîte temporaire qu'à la dernière extrémité... une hase n'en repartira pas.

(1) Ne pas confondre le retour avec le hourvari. Un animal fait un retour quand il tourne à droite ou à gauche, il fait un hourvari quand, reprenant son contrepied, il revient sur ses voies. D'ordinaire le défaut se déclare à la suite d'un retour ou d'un hourvari.

Enfin si, contrairement à nos justes prévisions, chasseurs et chiens se voyaient dans l'obligation d'interrompre la chasse, faute de pouvoir redresser la voie, mieux vaudrait encore revenir l'oreille basse que de se mettre en quête d'un nouveau lièvre (1) dans la même journée. Si jamais vous commettiez cette faute, et vous la commettrez, surtout n'en dites rien aux praticiens. Je soupçonne un de mes oncles, veneur incarné, de m'avoir déshérité pour cette seule cause.

Donner un second lièvre séance tenante à ses chiens, c'est leur donner un change; puis vous les rosserez violemment, lorsque d'eux-mêmes et sans effort ils mettront vos leçons en pratique.

Aucun auteur, sans en excepter l'immortel de la Conterie, n'a jamais eu la pensée de résumer, dans un seul et même traité, toutes les ruses du moins rusé des lièvres, ruses sans cesse renouvelées. Ce que le grand maître n'a pas fait, nous ne saurions avoir l'outrecuidance de le tenter; toutefois, nous nous permettrons d'analyser quelques-unes des plus usuelles.

Nous l'avons déjà dit, l'état de l'atmosphère exerce une influence que rien ne saurait combattre; il double le mal, annihile le bien. Le vent (2) et l'eau qui balayent et inondent la voie; la terre détrempée qui s'attache aux pieds du lièvre; le parfum des fleurs, des plantes, les exhalaisons chaudes, sont autant de causes qui produisent entre les mêmes ruses des différences notables. Les premières gelées blanches du mois d'octobre sont peut-être plus nuisibles encore.

Vous partez par un beau temps, l'air est doux et pur, la

(1) N'osant pas me montrer aussi exigeant à l'égard de tous les chasseurs, je leur recommanderai seulement, comme concession aux bons principes, de recoupler leurs chiens et de les conduire par les chemins vers une partie de bois éloignée, où ils seront libres d'attaquer un nouveau lièvre.

(2) Il est rare que par un vent fort un animal se dérobe dans cette direction : quand le défaut a lieu, on doit le chercher du côté opposé.

terre est rafraîchie : mais arrive un coup de soleil qui crispe les feuilles des arbres, les dessèche, les emporte... elles recouvrent la voie, les chiens balancent, clabaudent, tombent en défaut à chaque instant, ou s'acharnent sur le contre-pied : c'est à n'y rien comprendre.

« Qu'un défaut de trois heures ne vous étonne pas; cher- « chez votre lièvre, en terre, sur terre et dans l'eau », a dit un auteur célèbre, pour encourager le chasseur à persister dans ses recherches.

Je serais tenté d'ajouter que les chasses sans défauts sont fatales aux chiens. « Ça va trop bien », me disait un vieux professeur, « mes chiens s'épuisent ». Lors, profitant d'un retour, il se portait à leur rencontre, les arrêtait et les forçait à reprendre haleine durant quelques instants.

Après le défaut vient le relancé, point essentiel, chatouilleux, délicat. Rien ne ressemble à la bête de meute comme la bête de change; allez-vous, sans plus d'informations, actionner vos chiens et consacrer l'erreur!... J'avais donc bien raison de vous engager à ne négliger au début aucune occasion d'étudier les moindres particularités de votre lièvre, de comparer les ongles des deux pieds pour vous assurer qu'il n'y en ait pas un plus long que l'autre; d'apprécier la hauteur des portées, l'abaissement des herbes, indices révélateurs qui établissent l'identité et démasquent la supercherie, vous engageant toutefois à ne pas vous montrer trop rigoureux ni trop exigeant envers vos chiens. Citez-moi une meute qui garde le change avant trois saisons de chasse et je vous en citerai vingt qui ne le garderont pas. Tout ce qu'on peut demander à une meute déjà fort estimable, c'est de marquer le change en se refroidissant, tandis qu'elle s'anime d'une façon très-significative sur son lièvre de meute.

Nos auteurs semblent s'être donné le mot pour évoquer des cas de change autrement prémédités. Je copie textuelle-

ment : « Parfois il arrive que le lièvre de meute, se sentant
« sur ses fins, fait déguerpir (*unguibus et rostro*, sans doute)
« d'un gîte quelconque un autre lièvre dont il prend la place. »

A cette opinion, généralement accréditée, j'opposerai celle
de Leverrier de la Conterie, qui prétend n'en avoir observé
en cinquante ans qu'un seul exemple. Une aussi rare exception ne saurait confirmer la règle. Combien d'assertions plus
drôlatiques encore sont passées à l'état de vérité, ou tout au
moins ont été imprimées ! Je lis dans une statistique... *Qu'il
se marie annuellement en France plus d'hommes que de
femmes.* Ce serait sans doute un peu difficile à prouver que
la préméditation de l'assaut livré par un lièvre au gîte d'un
autre lièvre.

Parlons plus sérieusement et disons que l'inspection d'un
gîte doit dissiper toutes les incertitudes, attendu qu'un lièvre
chassé se flâtre, mais ne se gîte pas ; à moins qu'il ne fasse
la rencontre d'un gîte abandonné, gîte froid et humide, au
lieu d'être chaud et brûlant, ce dont il est facile de s'assurer
en y portant la main.

En général, le change qui a lieu au commencement de la
chasse, alors que les chiens ont à peine goûté à la voie, est
bien plus difficile à parer que celui qui se produit à la fin.
Dans l'un et l'autre cas il n'en reste pas moins l'incident le
plus grave de toutes les phases de la chasse : « Le défaut
n'est rien, le change est tout », a dit un professeur célèbre.
En effet, admettez pour un instant qu'au lieu d'un lièvre de
meute, à moitié rendu, vos chiens empaument la voie d'un
lièvre frais, dispos, alerte, étranger peut-être, qui, après
avoir rusé quelque peu pour la forme, s'en retourne en droite
ligne vers ses gagnages éloignés de quatre à cinq lieues ;
voyez-vous d'ici la figure que feraient vos pauvres chiens ?...
N'oubliez pas le proverbe... « Qui court deux lièvres à la
fois... »

Heureusement tout se compense dans la vie; de même qu'on a ses jours néfastes on a ses jours réparateurs. J'ai forcé, avec le concours de mes seuls petits briquets, trois lièvres en moins d'une heure!... Si cela vous arrive jamais, faites comme moi, n'en glorifiez ni vous ni vos chiens. Les lièvres ont leurs maladies, au nombre desquelles il faut placer le bouquinage. Plus de mérite, partant plus de gloire. Tout lièvre qui n'a pas été chassé par les chiens durant une heure ne compte pas.

Dans l'ancienne vénerie on jugeait rarement le lièvre par le pied; dans la nouvelle on procède pour lièvre comme pour cerf et chevreuil.

Un chasseur expérimenté sait distinguer non-seulement un bouquin d'une hase, mais encore un bouquin d'un autre bouquin. Quant au lièvre sur ses fins, lièvre long, efflanqué, ruisselant, presque noir, tant la sueur le brunit, courbé en deux, et marquant d'un sceau profond l'empreinte de ses pas, le moins expert des chasseurs saurait faire la distinction de sa voie pesante avec celle d'un lièvre frais, léger et plein de vigueur.

Plus un lièvre multiplie ses moyens de défense, plus ses ruses semblent s'écarter de ses habitudes, comme de se relaisser sur la corniche d'un vieux mur, de s'abriter sur la fourche d'un saule, de franchir un petit bras de rivière, ou d'en simuler seulement le passage en ressortant du même côté, ce qu'il ne manque pas de faire pour mieux embrouiller ses voies; plus, dis-je, ses ruses sont fécondes, et plus elles témoignent de son état désespéré. C'est dans un pareil moment que les veneurs sonnent avec certitude la mort sur pied.

Un jour, après avoir forcé un lièvre nous nous disposions à en attaquer un second, quand l'ordonnateur de la chasse fit recoupler ses chiens.

— « A quoi bon? lui dis-je, n'aurons-nous pas aussitôt fait de continuer à fouler le bois avec eux?

— C'est bien aussi mon intention, me répondit-il, mais je ne serais pas fâché de nous transporter vers une autre partie du bois; il y a dans cette enceinte une vieille hase qui désole mes chiens, impossible de la prendre.

— Raison de plus pour l'attaquer; nous sommes en force d'ailleurs...

— Attaquons, attaquons la vieille hase, répètent les assistants. »

Tout ce qui avait été prévu arriva. Après un *rapprocher* de courte durée, le lièvre bondit, la chasse s'engage et cesse tout à coup aux abords d'un petit ruisseau ombragé de saules et de peupliers.

Pris en flagrant délit d'entêtement, vous jugez si nous fîmes conformément aux règles de l'art tout ce qu'il était humainement possible de faire pour redresser la voie... Peine inutile, une fois de plus le défaut était consommé.

La proposition de déjeuner sur le théâtre même de notre défaite ayant été acceptée, les provisions arrivèrent et nous nous installâmes gaiement sur le gazon.

« Ce qui m'humilie le plus, dis-je à mes camarades de chasse, c'est qu'il y a cent à parier contre un que notre lièvre, flâtré auprès de nous, entend tout ce que nous disons, nous voit même peut-être. » A cette occasion je leur racontai qu'un officier d'artillerie, grand chasseur, avait saisi par les oreilles un lièvre gîté entre deux pièces de canon qui tiraient sans discontinuer depuis plus de quatre heures.

Bientôt, aux éclats de rire et aux joyeux propos, succédèrent les exercices du corps; vous le savez, c'est la revanche de ceux qui n'excellent pas aux exercices de l'esprit. Mon tour étant venu, j'ôte mon habit et le jette sur la fourche d'un saule, le seul peut-être que nous n'eussions pas inspecté. Patatras!

un lièvre bondit au milieu des assiettes et détale?... Ceci est
pour vous apprendre que l'animal le plus timide de la création est à la fois celui qui s'effraie le moins du bruit, et que
dans un défaut il faut le chercher partout où il semble impossible qu'il soit.

Le lièvre, sur ses fins, se livre aux chiens de deux manières :
soit après une longue et dernière fuite, en se laissant happer
dans le lieu même où il s'est flâtré et d'où il ne bouge plus,
soit en bondissant et se rasant tour à tour sous le nez des
chiens.

Je ne témoignerai certes pas d'une sensibilité déplacée;
mais quand je vois un malheureux lièvre raccourcir ses randonnées à la suite d'une héroïque défense, se relaisser tous
les cent pas et revenir mourir dans le champ qui l'a vu naître,
j'éprouve un serrement de cœur dont je ne suis pas le maître.
Les chiens, il est vrai, ont droit, comme les hommes, à ce que
l'illustre maréchal Bugeaud nommait dans son langage mili-
tairement imagé le *picotin d'avoine :* tout lièvre forcé par eux
leur appartient.

Je conçois que des chasseurs ne négligent jamais l'occasion de tirer un lièvre devant les chiens, toutefois je me permettrai de réclamer une honorable exception en faveur de celui qui, malmené durant plusieurs heures (en pareil cas *mal*
est synonyme de bien), ne leur passerait à portée que dans un
état désespéré. Ne les frustrons ces bons chiens ni de leur
part de gloire ni de leur part de curée.

Les veneurs lèvent avec le cérémonial obligé le pied droit
de devant du lièvre (1) pour en faire hommage à la personne
la plus considérable, mieux encore, à la personne la plus considérée; la prise de ce petit quadrupède, étant tout aussi glorieuse que celle d'un cerf, a droit à un égal honneur. On pro-

(1) Après avoir fait une incision au coude, on dépouille le pied jusqu'à la première jonction... puis on le détache.

cède à la curée du lièvre en le déshabillant et le découpant
en assez de morceaux pour que chaque chien puisse en avoir
sa part. Cependant les chasseurs qui ont de l'ordre et de l'économie se contentent de préparer une petite collation à l'aide
des dedans, des pattes, des oreilles et de la tête du lièvre. On
termine la curée en conduisant les chiens à la mare la plus
voisine (1).

Je pourrais me dispenser de vous indiquer la manière
d'achever le lièvre : vous savez qu'il suffit de lui appliquer,
avec le tranchant de la main droite, un coup un peu sec sur
la nuque. A votre place j'en tiendrais un second en réserve
pour ce chasseur, véritable trouble-fête comme il s'en trouve
au moins un dans les réunions un peu nombreuses, cavale
indomptée qui met le désordre partout.

Il est reconnaissable à des traits indélébiles. Sa voiture est

(1) La chasse du lièvre à l'affût a lieu le matin et le soir, à l'entrée et à la sortie
du bois. Cet animal, suivant toujours les mêmes passées pour aller au gagnage et
en revenir, ne peut manquer de tomber tôt ou tard sous les coups du braconnier
qui le guette.

Le collet à lièvre, fait en fil de laiton, est trop connu pour qu'il soit nécessaire
d'en donner la description. Il faut avoir le coup d'œil bien exercé pour découvrir
les collets tendus dans les bois; en plaine, les braconniers les plaçant dans les sil-
lons... il suffit sur la fin du jour de suivre une voie de lièvre à travers les labou-
rés, dans un pays hanté par les braconniers, pour faire ample moisson de collets.

La chasse au panneau est usitée par les grands propriétaires, pour transporter
les lièvres d'un lieu à un autre. Le filet ainsi nommé est d'environ 100 mètres de
long, sur un mètre et demi de hauteur; il peut être avantageusement remplacé par
un filet de la même forme et de la même longueur; mais fractionné en plusieurs
compartiments, ce qui le rend plus portatif.

Les mailles en trois fils ont ordinairement de sept à huit centimètres de largeur :
les cordes qui l'encadrent en haut et en bas, beaucoup plus fortes que le reste du
filet, sont soutenues aux deux extrémités par des pieux, et, dans l'intervalle, par
des piquets légers, nommés fiches, qui maintiennent le filet tendu. Ce panneau à
poches, disposé dans la direction d'une battue, est très-efficace. Entre les mains
d'un chasseur, c'est un engin plus conservateur que destructeur. Les panneaux à
l'usage des grands animaux ne diffèrent de ceux pour lièvres que par la largeur des
mailles et la résistance du filet. Ce dernier est remplacé avantageusement par des
toiles très-fortes. Le plus sûr est de faire usage des deux à la fois.

à une seule place, ses chiens sont maigres et affamés (le même
signalement est applicable à ses domestiques), ses armes
sont comme toute sa personne, damasquinées à l'effet. Il
fume durant les battues, interpelle à haute voix ses voisins
et contraint les moins scrupuleux à s'éloigner de lui. A table,
gourmand et glouton, il fait main basse sur toutes les pri-
meurs, se bourre l'estomac, s'emplit les poches, et n'a jamais
dans sa bourse qu'un double louis pour se dispenser de toute
dîme, de tout écot, de toute charité. D'ordinaire, méconnaissant toutes les bienséances, il ne manque jamais l'occasion
de conduire à la chasse à courre son chien d'arrêt, qui dès le
lancé prend la tête, distance les chiens courants et les rebute.
Usurpant les droits réservés au seul maître de l'équipage ou
à son piqueur, il les appelle, les dirige, les gourmande; on
n'entend que lui, il *beugle* à en assourdir tout le monde; expression trop faible encore, j'ose le dire.

Alphonse Karr avait à Sainte-Adresse un matelot et un rossignol habitant la même chambre. Devant partir pour la pêche
de grand matin, il appelle son matelot; celui-ci ne répondant
pas, Alphonse Karr le cherche et le trouve couché dans une
autre salle du pavillon; il s'en étonne.

— « Je le crois bien que j'ai déserté ma chambre, répond
le matelot, impossible d'y dormir, votre gredin de rossignol
ne fait que *beugler* toutes les nuits. »

Je m'excuse de traiter en rossignol d'Europe ce malencontreux chasseur, véritable rossignol d'Arcadie.

Un jour que je cheminais en compagnie de l'un de ces types
dont je vous ai donné le signalement, avec mission de l'égarer, ce dont nous nous chargions à tour de rôle,

.— « Qu'est-ce que cela? me dit-il, avisant une marnière
abandonnée, présentant çà et là des crevasses béantes et profondes...

— C'est un terrier de chevreuil, répondis-je à tout hasard,

je vous engage à vous y blottir ; si les chiens lancent, le chevreuil ne manquera pas de s'y rendre. »

Et ce chasseur phénoménal eut la constance de rester durant toute une chasse, comme il se plaisait à le raconter lui-même, dans un *terrier de chevreuil.*

Où il y a deux hommes réunis il faut qu'il y ait forcément un tondeur et un tondu, un mystificateur et un mystifié, un voleur et un volé : ceci à l'adresse du pauvre lecteur.

« Méfiez-vous, disait à un jeune et innocent chasseur un de ces bienveillants châtelains qui n'aiment pas à compter des victimes sous leurs toits hospitaliers, on a rembourré de paille la peau d'un lièvre pour vous le faire tirer au gîte. » Ainsi prévenu, notre jeune homme entre en chasse... Un lièvre part et se dirige vers lui... — « A vous ! lui crie-t-on de tous côtés, un lièvre ! — Pas si bête, répond-il à son tour d'un air goguenard, c'est un lièvre empaillé ! » Et il se garda bien de faire feu.

Jamais une méchanceté, si innocente qu'elle fût, n'a corrigé d'une bêtise.

Dessiné par V. Adam
Lith. de A. Gérard

CHAPITRE V

LE CERF

La grande variété de pelage des cerfs résulte du climat et
de l'alimentation; il en est de ces animaux comme de nous-
mêmes. Forfanti, philosophe et moraliste italien, prétend que
la matière colorante qui donne à la peau de chaque homme
sa teinte particulière est la même matière que celle qui colore
les boissons dont il s'abreuve. Ainsi la coloration rosée du
Bourguignon tient à la couleur de son vin. C'est la matière colorante du thé qui jaunit l'épiderme du Chinois; celle de la
bière rend blafarde la peau de l'homme du Nord; enfin celle
du maïs teint en rouge la peau de l'Américain.

Si l'homme subit une telle influence, n'est-il pas naturel
que les animaux n'en soient pas exempts?

La coloration ou colorisation du pelage des cerfs varie encore selon leur âge et les saisons. En été ces teintes sont
claires et brillantes ; en hiver elles deviennent foncées, ternes
et remarquablement uniformes.

Tuer un cerf d'un coup de fusil comme un lapin!... faire
cuire une dinde aux truffes dans la marmite et porter des dia-
mants dans le jour, ce sont des énormités dont on ne se relève jamais.

Soit, direz-vous, à l'égard du premier chef d'accusation
c'est une action médiocre, mais je n'en aurai pas moins tué
un cerf, et c'est un souvenir.

Moi aussi j'ai assassiné un cerf lâchement, ignominieuse-
ment, dans les circonstances les plus aggravantes ; aussi depuis ce jour néfaste la vue de ce noble animal produit sur
moi l'effet de la tête de Méduse. C'est au point que je défie un
homme marié quelconque d'éprouver à son endroit une répu-
gnance plus prononcée que la mienne. Je vous ai dit l'effet,
permettez que je vous fasse connaître la cause.

Un de mes amis m'invite (il y a de cela quelque chose
comme quarante ans) à aller faire l'ouverture dans une campagne située près de la forêt d'Ozouers ; nous devions y me-
ner durant un mois cette bonne vie de château que l'on comprend si bien dans les environs de Paris.

Chasseur dans l'âme, je m'empresse, aussitôt mon arrivée,
d'aller pousser une reconnaissance dans le parc ; un coq faisan se lève devant mon chien et va se brancher sur un chêne...
C'était un beau début ; me glissant donc au travers du bos-
quet, j'aperçois... le coq faisan, pensez-vous? Mieux, cent fois
mieux que cela!... J'aperçois, dis-je, un royal dix-cors qui,
franchissant le saut de loup servant de clôture au parc, venait

droit à ma rencontre. Que se passa-t-il?... Je l'ignore, car j'étais trop ému pour pouvoir m'en rendre compte; mais ce que je sais fort bien, c'est que, frappé à la tête de deux coups de feu tirés à bout portant, le cerf était gisant à mes pieds.

Ivre de joie, je cours faire part de mon bonheur à tout le monde. J'ai tué un cerf! criai-je en bondissant dans le salon... A cette nouvelle le maître du château tombe en défaillance. Comment, s'écrie-t-il, vous avez tué un des cerfs du prince de Condé?... Mais c'est une abomination!... Que dira le prince?... Enfin, ce n'étaient que lamentations et que gémissements!... C'est au point que je serais flatté au jour de ma mort d'inspirer d'aussi unanimes regrets. Écoutez, fit le maître, je crois entendre le son d'une trompe!... c'est la fanfare du cerf!... Précisément le prince chasse aujourd'hui!... En effet..., ça rapproche!... la chasse se dirige de ce côté... Grands dieux!... serait-ce le cerf de meute que ce petit malheureux aurait assassiné?...

Hélas! ce n'était que trop vrai; car déjà, franchissant le saut de loup et criant à pleine gorge, les chiens se répandaient dans le parc. Alors ce fut un sauve-qui-peut général dont je profitai prudemment pour m'esquiver et regagner la grande route à travers champs, non sans appréhender à chaque pas de voir surgir la meute à mes trousses.

Feu Caïn, après avoir tué son frère Abel (ce qui par parenthèse nous fait tous descendre, on s'en aperçoit bien, de cet unique héritier d'Adam et d'Ève), n'avait pas le cœur chargé de plus de remords.

J'ignore ce qu'il advint de tout ce tapage, n'ayant jamais osé me représenter chez cet ami dont j'avais si étrangement méconnu l'hospitalité; mais je n'ai pas douté un instant que le personnage le plus intéressé dans la question, l'excellent prince de Condé, ne fût le seul qui m'eût sincèrement pardonné.

Mes principes sont donc bien arrêtés à l'égard de ce noble quadrupède que je voudrais, à titre de réparation sans doute, laisser vivre, ne fût-ce que pour l'admirer alors que, dévorant l'espace, il recourbe comme un cygne sa gracieuse tête sur ses épaules, les protège de ses bois et, léger comme la gazelle, se fraie un passage à travers le plus épais des gaulis.

Si encore les armes étaient courtoises; si, laissant à ce bel animal une seule bonne chance de salut contre tant de mauvaises, on se contentait de le chasser *de meute à mort*, c'est-à-dire sans faire usage de relais; mais non, sa perte est jurée; trois relais (1) successifs l'attendent et le dernier, le plus déloyal de tous, justifiera une fois de plus le fameux *sic vos non vobis* des Latins, car ce relais aura la gloire et le profit sans avoir eu le labeur ni la peine.

Qu'un autre que moi, excitant au mépris des us et coutumes, qu'un autre, dis-je, régularisant en quelque sorte le braconnage, vous donne les *déduits* de la chasse du cerf; si vous avez quatre-vingts chiens d'ordre dans vos chenils, des piqueurs, des chevaux, une forêt... courez le cerf, et dans ce cas lisez Dufouilloux, Salnove, d'Yauville, ils en savent plus que moi et que bien d'autres encore. Il est des choses que le temps perfectionne de plus en plus, de même qu'il en est d'autres qu'il *perfectionne* de moins en moins, et la chasse au cerf est dans cette dernière catégorie. Raison de plus pour

---

(1) Dans les grands équipages, le premier relais s'intitule la *vieille meute;* il est de huit à dix chiens; le second, d'un nombre égal, se nomme la *seconde meute;* six chiens forment le troisième et dernier relais. Toutefois, selon l'importance de l'équipage, les relais, y compris même le dernier, sont formés d'un nombre de chiens encore plus considérable. On a vu donner jusqu'à six relais au même animal.

suivre les leçons des vieux auteurs qui ont consacré leur vie à la chasse de ce noble animal (1).

Ce langage n'est pas en ma faveur, j'en conviens ; mais il est honnête et désintéressé ; car je pourrais, comme tant d'autres aussi, vous donner une compilation plus ou moins imitée des Grecs et des Romains, des anciens et des modernes, au risque de passer pour un voleur ou pour un volé, ce qui est plus ridicule encore ; tâche facile à accomplir, attendu qu'aucune innovation n'a été introduite dans la pratique de la grande chasse, à l'exception toutefois de l'attaque. Dufouilloux nous apprend que de son temps on lançait le cerf à trait de limier (2). Sous Louis XIV les valets et piqueurs frappaient ensemble aux brisées. Au commencement du règne de Louis XV on découplait le corps de meute. D'Yauville, réformant tous ces modes défectueux, fit lancer le cerf par quelques vieux chiens trop lents pour tenir aux relais.

Il faut se l'avouer en toute humilité, personne en France ne chasse plus assez le cerf aujourd'hui pour être en droit de prendre un diplôme de professeur ès sciences ; mais il n'y a pas pour cela péril dans la demeure. Les Traités des Dufouilloux, des Salnove et des d'Yauville resteront, pour les chasseurs de tous les âges, ce que les tableaux de Raphaël resteront pour les peintres.

Point de confusion d'ailleurs à redouter, la part de chacun semble avoir été faite par la Providence. Êtes-vous riche?... chassez le cerf. Êtes-vous pauvre?... chassez le lapin. Êtes-

---

(1) Le cerf proprement dit, depuis la troisième tête jusqu'au dix-cors, ne devrait être chassé que depuis le commencement de juillet jusqu'à la fin de septembre ; le daguet et le faon, depuis la même époque jusqu'à la fin de décembre ; les biches... jamais ! ou, dans aucun cas, au delà de septembre.

(2) Lancer à trait de limier, c'est faire mettre debout un animal par le limier ; ce rôle est en opposition avec le mutisme qu'on réclame de lui.

vous malheureux?... chassez le chagrin, le chagrin illégitime que causent l'orgueil et l'envie ; mais ne déshonorez pas le plus noble animal de la création par une poursuite indigne de vous et une mort indigne de lui. Voilà pourquoi, loin de chercher à propager dans toutes les classes le goût de la chasse au cerf, j'adjure les chasseurs dépossédés des accessoires, biens et béatitudes indispensables à l'exercice de la grande chasse, je les adjure de respecter dans ce bel animal, égaré momentanément dans leurs bois, plus que le bien..., le bonheur d'autrui. Lorsqu'on a pris pour programme la chasse à courre et à tir, on ne se sert de ses armes à l'égard du cerf que pour les lui présenter.

Tuer un cerf au déboulé, comme un lapin, c'est un crime pour tous, hormis pour le braconnier ; celui-là du moins est excusable, il fait son métier. Mais vous, noble enfant ! vous, mon loyal chasseur, vous commettriez l'action d'un égoïste, d'un parvenu ou d'un envieux ; or, l'envieux est le plus malheureux des hommes ; il s'afflige de ses propres malheurs et du bonheur des autres.

Si j'étais législateur, je voudrais condamner l'assassin d'un dix-cors à en manger la chair filandreuse et coriace (1).

Mais tout en respectant cet animal, dont la conservation importe tant aux plaisirs de la classe aisée et que les révolutionnaires de tous les pays confondent dans la haine qu'ils portent aux rois, aux grands et aux riches, il n'est pas permis d'ignorer comme chasseur ce qu'on doit savoir comme homme, à titre de connaissance élémentaire. Tous les jours

---

(1) La chair de cet animal varie de qualité selon son âge et son sexe. Celle du faon et de la jeune biche est d'une certaine délicatesse ; celle du daguet est médiocre ; celle des cerfs, à l'exception de quelques morceaux de choix, n'est point estimée. Nos pères se faisaient, dit-on, un mets délicieux, en préparant, d'une façon particulière, les bosses qui précèdent les pousses du bois des jeunes daguets. La recette n'en est pas venue jusqu'à nous.

vous pouvez être convié au royal délassement d'une chasse
au cerf, et je ne voudrais pas vous y voir commettre quelques-
unes de ces excentricités qui dérideraient Héraclite lui-même.
Chacun son goût, je préfère ce philosophe grec, pleurant sans
cesse, à Démocrite, autre philosophe, qui riait toujours... des
folies humaines, sans doute. D'ailleurs, le rire est plus cruel
que les larmes : on pleure à ses dépens, tandis qu'on ne rit
d'ordinaire qu'aux dépens des autres.

En chasse comme ailleurs il est un excellent moyen de ne
servir de plastron à personne : il suffit pour cela de ne pas
abuser de l'emploi trop pédantesque des termes de vénerie,
de remplir son rôle modestement, sans charlatanisme, et de
s'efforcer d'arriver le premier à l'hallali. Voilà à quoi doit se
borner l'ambition d'un chasseur invité accidentellement à
courir le cerf.

Si par hasard on lui faisait hommage du pied de la bête (1),
il devrait l'accepter sans aucune hésitation.

On vantait un jour devant Louis XIV le parfait savoir-vivre
d'un seigneur étranger : « Je saurai à quoi m'en tenir sur
son compte », répondit le roi. A quelques jours de là Louis XIV
invite l'étranger à l'accompagner ; parvenu au bas de l'escalier et sur le point de monter dans son carrosse, le roi s'arrête et, se retournant vers le seigneur, il lui fait signe de passer le premier ; celui-ci salue profondément et obéit sans ma-
nifester la plus légère hésitation. « Vous aviez raison, dit le
roi, ce seigneur pourrait en apprendre à beaucoup d'entre
nous. »

(1) L'usage d'offrir, en signe d'honneur, le pied droit de devant de l'animal, re-
monte au règne de saint Louis. Les premiers privilèges de chasse ayant été con-
cédés par ce monarque, il stipula, comme réserve, que le bénéficiaire serait tenu
d'offrir à son seigneur un *cuissot* de la bête prise. Plus tard, le cuissot n'ayant plus
été jugé être une offrande assez noble fut remplacé par le pied. En faire hommage
à un invité, c'est le traiter en seigneur.

Que cette leçon ne soit pas perdue et que, pénétré d'une telle vérité, le chasseur accepte sans périphrases ni lieux communs le pied de la bête, l'attache ostensiblement à son couteau de chasse et, s'il veut agir en homme doué de quelque savoir-vivre, qu'il remette discrètement au piqueur un pourboire proportionné, non à la générosité du donataire, cela ne suffirait pas toujours en haut lieu, mais bien plutôt à la position sociale du maître de l'équipage. Ce qui a fait dire que si les grands seigneurs avaient des pauvres attitrés, ces derniers seraient bientôt riches.

« Excusez-moi, dis-je un jour à un garde un peu carotteur, je n'ai aucune monnaie sur moi. — Monsieur, me répondit-il fort judicieusement, nous ne sommes pas tenus de n'accepter que de la monnaie. »

J'ai payé de grand cœur pour ce mot impayable.

Le quart d'heure de Rabelais a bien son importance : établissons donc un petit tarif.

Pour un pied de cerf, de sanglier ou de loup... 10 et 20 francs..., de chevreuil, de blaireau ou de renard, 8 et 10 francs..., de lièvre... Carotte pour carotte, j'en conserve toujours dans mon carnier une bien rouge, que j'offre au garde en échange de la sienne.

La curée est une formalité de rigueur. Après avoir levé les morceaux de choix, détaché le massacre (tête séparée du corps), achevé de déshabiller le cerf, de le dépecer (1), le pi-

---

(1) Durant cette opération, le piqueur ou celui qui le remplace doit conserver son habit et son couteau de chasse.

Manière abrégée de procéder à la curée chaude, la curée froide n'ayant lieu qu'au retour de la chasse :

« Traîner le cerf dans une vaste clairière, le coucher sur le dos, les quatre pieds en l'air, enlever les daintiers, faire une incision autour des quatre jambes, à la jointure des genoux et des jarrets, la prolonger jusqu'au milieu de la poitrine, couper la peau des cuisses, achever de déshabiller le cerf en détachant le massacre du corps à la hauteur du premier nœud de la gorge, sans endommager la nappe, à

queur recouvre tous les restes avec la nappe (peau de cerf),
les fanfares donnent le signal, et les chiens, jusque-là con-
tenus sous le fouet, fondent sur leur proie qu'ils dévorent.
Durant cette scène les chasseurs doivent, quel que soit leur
rang, enlever leurs gants. Dans les vieux livres de vénerie il
est stipulé que les valets de chiens ont le droit de s'appro-
prier les gants que les chasseurs auraient négligé de retirer
de leurs mains. Cet usage provient sans doute de ce qu'il était
défendu autrefois de rendre la justice avec des gants, et de
fait on rend justice aux chiens en les récompensant, par la
curée, de leur courage et de leurs fatigues. Observation digne
de remarque, c'est parce qu'on se servait autrefois de la peau
du cerf en guise de nappe pour préparer la curée que le nom
lui en est resté.

Sous Louis XV on terminait cette cérémonie en jetant aux
chiens la panse et les boyaux du cerf, au cri de *tayau*, pour
les empêcher, disent les professeurs, de s'acharner sur les os
du cerf et les habituer à revenir à ce cri de chasse.

Je ne vous demanderai pas d'apprendre à juger d'un cerf
par ses allures, ses fumées, ses portées, ses foulées, etc.,
etc., ainsi que cela se pratique en vénerie; mais, ne fût-ce
que dans une salle garnie de trophées de chasse, je ne voudrais pas vous y voir prendre une tête de daguet pour celle
d'un dix-cors, ni une trace de sanglier pour un pied de cerf,
d'autant qu'ils sont aussi faciles à distinguer l'un de l'autre
qu'un homme d'une femme... en habit de ville.

Nous ne nous occuperons donc que de la connaissance de
l'âge du cerf par la tête et le pied, connaissances élémentaires

laquelle il doit rester attaché, retirer les boyaux, la fressure, le cœur, les rognons,
le foie, lever les filets petits (mignons) et grands, ainsi que les morceaux de choix
que l'on met en réserve. »

Ce travail terminé, on recouvre le corps avec la nappe, à laquelle on a soin de
conserver l'attitude d'un cerf à la reposée. (Baudrillard.)

sans doute, mais qui suffiront aux neuf dixièmes des chasseurs. On tient moins à avoir de la science qu'à ne pas passer pour un ignorant.

Ce beau quadrupède change de nom tous les ans jusqu'à un certain âge. En naissant, il se nomme faon; au bout de six mois, il quitte la livrée (taches blanches dont son corps est parsemé) et prend le nom de *hère;* alors paraissent, sur l'os frontal des mâles, deux bosses qui s'allongent dans l'espace d'un an et forment deux tiges, nommées *dagues*, d'où lui est venu le nom de *daguet*, qu'il conserve jusqu'à la fin de la seconde année. La tête d'un daguet est la seule qui ne puisse donner lieu à aucune méprise.

Vers le mois de mai de la troisième année ces deux dagues tombent (les individus du genre cerf mettent bas leurs bois (1) tous les ans) et sont remplacées par deux perches (merrain), sillonnées de gouttières plus ou moins profondes, selon l'âge de l'animal; chacune de ces perches jette deux ou trois branches (andouillers), dès lors l'animal prend le nom de jeune cerf à sa seconde tête et l'année suivante de jeune cerf à sa troisième tête, ainsi de suite jusqu'à l'âge de six ans, époque à laquelle il devient dix-cors, et au delà grand cerf ou vieux cerf, jusqu'à la dernière limite de sa vie.

Les andouillers qui ressortent de la meule (couronne granulée entourant la base inférieure de la perche) se nomment : le premier, *maître andouiller;* le second, prenant naissance un peu au-dessus, *sur-andouiller;* le troisième, *chevillure;* tous les autres, *cors;* et l'ensemble de la ramure se nomme indistinctement bois ou tête. Avoir une belle tête, c'est avoir de beaux bois.

. Les perches d'une même tête ne se garnissent pas d'un

(1) C'est parce que les cornes des cerfs semblent végéter, qu'on les nomme des bois.

nombre égal d'andouillers. D'ordinaire, sans perdre de vue
qu'il y a des têtes bizarres, le bois d'une troisième tête, en
comporte au moins quatre, celui d'une quatrième tête de
cinq à huit et le bois d'un dix-cors de dix à quatorze, quelquefois même on en compte jusqu'à seize, y compris, bien
entendu, ceux de l'empaumure, partie supérieure du bois
prise à l'endroit où la perche commence à se bifurquer et à
s'élargir.

Lorsque l'une des deux perches est chargée d'un nombre
d'andouillers moindre que sa jumelle, on se règle sur celle
qui en comporte le plus; ainsi on ne dira pas : six cors d'un
côté et sept de l'autre font treize..., mais bien quatorze. J'en
adresse mes excuses au grand Barème qui, pour la première
fois de sa vie, est en défaut.

Décorés de ce noble ornement les cerfs font les beaux, les
coquets; ils courtisent les biches et se livrent entre eux des
combats acharnés. Espinar, auteur espagnol, raconte qu'il a
rencontré deux cerfs dont les bois étaient si bien entrelacés
qu'ils avaient succombé ensemble. A l'époque du rut ils sont
même dangereux pour les hommes.

Au printemps ces animaux mettent bas leur bois. Honteux
de cette dégradation, ils se dérobent à la vue des biches (agissant en cela comme un vieux fat qui aurait un clou sur le nez
ou un compère-loriot sur l'œil), et durant ce long travail ils
se séquestrent dans les retraites les plus solitaires.

Les perches ne se détachent pas toutes les deux à la fois,
mais seulement à quelques jours d'intervalle, sauf une exception dont l'histoire a recueilli le souvenir.

Louis XV courait le cerf. Après deux heures d'une chasse
bien menée, sans le moindre défaut, on s'aperçoit ou du moins
on croit s'apercevoir que les chiens chassent une biche. Le
valet de limier, sur le rapport duquel on avait attaqué, était

dans une confusion extrême et pourtant les plus experts ne pouvaient disconvenir, en considérant la voie, que les pinces, la sole, le talon, les côtés et les os témoignaient bien d'un bel et bon pied de dix-cors : c'était à n'y rien comprendre; déjà même il était question de rompre les chiens, quand paraît d'Yauville, le célèbre commandant de la vénerie de Louis XV. A la première inspection du pied il s'écrie : « Lors même que mes yeux auraient vu une biche laisser cette empreinte, ma raison me dirait encore que c'est un cerf! » Et l'hallali justifia pleinement son assertion. Le cerf, ainsi qu'on le devine, avait perdu ses bois durant sa course.

Hélas! tant de gens trouvent des cornes qu'il doit bien s'en perdre quelques-unes. L'origine de cette plaisanterie, dont on a tant abusé, nous est indiquée par Simon Pelloutier. Laissons parler l'auteur :

« Après avoir longtemps sérieusement discuté sur les « cornes, qu'on me permette de m'arrêter un instant à l'idée « ridicule qu'on leur a attachée. On prétend que les anciens « ne connaissaient pas l'expression injurieuse *donner des* « *cornes*. Pour moi, j'ai bien de la peine à croire que cette « idée ne soit pas de la plus grande antiquité dans les Gaules. « Les écrivains nous disent que les Gaulois étaient si curieux « des cornes d'urus (bœuf sauvage de la Germanie), que du « matin au soir ils étaient occupés à en chercher, et passaient quelquefois plusieurs jours sans revenir; car autant « il était glorieux de rapporter des cornes d'urus, autant il « était fâcheux de revenir sans en avoir. De semblables ab- « sences sont commodes aux mystères de l'amour; le reste « se devine assez. On n'ignore pas que de tout temps les Gau- .« lois ont tourné les choses les plus graves en plaisanterie. »

Si le monde savait ce qu'il en coûte parfois de petites perfidies à un amant pour séduire une pauvre femme et tromper un mari, le plus raillé des trois ne serait certes pas ce dernier. En attendant ce jour réparateur, le rôle du voleur semble plus honorable que celui du volé!... Je reconnais bien là le jugement des hommes.

Un autre écrivain (Vanière), dissertant non plus sur les cornes, mais sur les ruses du cerf, rapporte un trait plus divertissant encore : « Si dans sa course, dit-il, le cerf ren- « contre un taureau, il saute sur son dos, lui serre les côtes « avec ses jambes et de ses pieds lui bat les flancs pour le « faire avancer. »

On n'en finirait pas si l'on voulait énumérer les croyances superstitieuses des anciens à l'égard du cerf... « qui franchit des bras de mer... accourt au son de la flûte (1)... renouvelle enfin sa jeunesse en mangeant des serpents. » Ce qui du moins expliquerait la longévité du cerf (2) d'Alexandre, pris cent ans après la mort de ce héros, ainsi que celle du cerf tué par Charles VI dans la forêt de Senlis et au cou duquel était un collier en or massif, dit la chronique, avec cette inscription : *Hoc Cæsar me donavit;* c'est sans doute en conformité de cette croyance que Luther a dit : « Dieu prépare au cerf un habit dont il se revêt et qui peut lui durer *neuf cents ans*, sans avoir besoin d'être renouvelé. » Toutes ces fables font beaucoup moins d'honneur, selon moi, à la famille des cerfs que la glorieuse défense de ce fameux dix-cors attaqué à Chan-

---

(1) On ne peut méconnaître l'influence de la musique sur tous les êtres. Il y a, en Suisse, un air antique et fort simple, appelé le *Ranz des Vaches*; cet air est d'un tel effet sur l'âme des Suisses, qu'on fut obligé de le défendre en Hollande et en France devant les soldats de cette nation, parce qu'il les faisait tous déserter.

(2) Le cerf vit environ trente-cinq ans, il est en état de se reproduire dès l'âge de dix-huit mois. La biche porte huit mois et quelques jours, met bas à la fin de mai et n'a jamais qu'un seul faon.

tilly par le prince de Condé et pris dans les Ardennes (1),
car c'est de l'histoire, mais de l'histoire exceptionnelle.

Rarement un cerf bien chassé fournit une course digne de
lui, et la meilleure preuve de l'impuissance de ses moyens
c'est qu'il en est réduit à ruser parfois comme un simple
lièvre; ruses, il est vrai, plus faciles à déjouer. Quand un cerf

(1) J'emprunte à l'un de nos plus spirituels écrivains, à M. Eugène Chapus, le
récit de cette chasse merveilleuse, reproduit dans plusieurs ouvrages :

« Un jour, M. le prince de Condé attaque un cerf dix-cors dans la forêt de
Chantilly. Les préparatifs de cette chasse avaient été faits comme de coutume. Le
matin, on avait fait le bois, on avait détourné, les relais avaient été placés comme
à l'ordinaire, dans la prévoyance pure et simple qu'il s'agissait d'un cerf du pays,
qui, après avoir été poursuivi, s'il débuchait, ne tarderait pas à rentrer dans ses
demeures. Mais il n'en fut pas ainsi; le cerf, attaqué vigoureusement, débucha, il
est vrai, mais il fit une refuite si longue qu'il mit les chiens complètement à bout
de voie, si complètement qu'après de nombreuses manœuvres pour le retrouver,
on sonna la retraite de *non-prise* et le prince qui, en sa qualité de prince de Condé
et de chasseur, n'aimait pas les défaites, ne dissimula point la contrariété qu'il res-
sentait d'un pareil résultat. Il revint au château, la tête basse et absorbé dans ses
réflexions, cherchant à se rendre compte de cette disparition extraordinaire. Personne n'avait pu dire vers quelle partie des bois environnants le cerf s'était dirigé.

« Deux mois après, des valets de limiers qui parcouraient la forêt de Chantilly
découvrirent tout à coup ce même cerf. Telles sont les habitudes du fauve; dès
qu'un animal se trouve bien dans un endroit il s'y rencontre toujours.

« — Monseigneur, le cerf est revenu.

« — Il faut l'attaquer, et cette fois, dit le prince, prendre des mesures pour ne
pas le laisser échapper.

« Les ordres sont donnés. On fait choix, pour composer les relais, des meilleurs
chiens du vaste et somptueux chenil de Chantilly. Le prince montera le cheval le
plus léger et le plus résistant; le piqueur le plus expérimenté sera chargé de faire
le bois. Par saint Hubert! mon beau cerf, tu n'échapperas pas à la stratégie que
tes ennemis déploient dans leur plan de campagne.

« Le lendemain la trompe résonnait bruyamment dans les bois de Chantilly; la
meute aboyait, les chevaux étaient lancés au galop. L'attaque avait eu lieu. Pendant trois heures, le cerf se fit battre dans l'enceinte; puis il prit parti, débucha
en laissant bien loin derrière lui chiens, piqueurs et cavaliers, et, tout à coup,
ainsi que cela s'était passé deux mois auparavant, les chiens tombèrent à bout de
voie; il disparut comme s'il était tombé dans un abîme d'opéra. C'était à se dé-
sespérer.

« Le cerf! le cerf! demandait-on; qui l'a vu?

« Le prince fit proclamer à son de caisse et afficher à vingt lieues à la ronde, à

a fait un retour, doublé ses voies, pris de l'avance et donné
le change, il a accompli toute sa besogne, ce qui ne l'empêche pas de triompher quelquefois. (La maladresse de nos
ennemis concourt bien plus à nos succès que notre propre
adresse.) Dans ce but il se mêle aux hardes, ou se fait accompagner par une biche ou par un jeune cerf qu'il donne

la porte de toutes les églises, qu'il promettait une récompense à ceux qui lui ap-
porteraient des nouvelles de son cerf, car il se l'était adjugé par ses deux chasses.

« Trois jours après commença une longue et successive visite de paysans qui venaient au château rendre compte de ce qu'ils savaient.

« — Monseigneur, je suis de Vic; mon village est situé de l'autre côté de l'Aisne;
avant-hier, après midi, vers les trois heures, je m'en revenais de Courneux, qui
est de ce côté-ci de l'eau, quand j'ai vu, à trois cents pas environ, sur la rive, un
cerf qui se mettait à la nage; il avait de l'eau jusqu'aux jarrets.

« — Deux louis à cet homme! fit le prince.

« — Moi, monseigneur, je viens de plus loin. Je suis né natif de Mainbresson.
Il y a deux jours, en revenant le soir des champs, j'ai vu un cerf, un cerf quasi
vieux déjà, qui entrait dans le bois de Ribaumar. Comme il n'y a pas de cerfs,
pour l'ordinaire, dans ces petits bois-là, je me tromperais beaucoup si ce n'était
l'animal auquel s'intéresse monseigneur.

« — Quatre louis à cet homme! s'écria le prince, avec un accent plus marqué de
satisfaction.

« — Moi, monseigneur, je suis encore de plus loin; j'habite une chaumière, un
peu dans les terres, sur la route de Rocroy; monseigneur sait bien; à deux cents
pas de moi, il y a un petit verger. L'autre soir, vers minuit, il faisait beau temps,
la lune donnait et, comme je ne dormais pas, je me suis trompé d'heure; j'ai cru
qu'il faisait jour, je me suis mis sur ma porte, et voilà que je découvre très-dis-
tinctement un gros cerf qui s'en donnait à bouche que veux-tu de mes pommes.
Ma porte n'était pas ouverte, que déjà, à mon grand regret, mon voleur était parti,
mais si vite, que je n'ai vu que le sillage blanc que son corps a laissé dans les
herbes. C'est que, voyez-vous, monseigneur, j'avais couru à mon bâton. Si ce
n'est pas le cerf de monseigneur, c'est à coup sûr quelque maraudeur des Ardennes
qui avait poussé un peu loin aux gagnages, comme vous voyez, monseigneur.

« — Six louis, huit louis à cet homme, à cause des pommes mangées, s'écria le
prince, qui ne contenait plus sa joie. Les Ardennes! les Ardennes! C'est cela, c'est
trouvé!

« A ce mot tout le monde se rappela que l'année précédente, parmi les fauves
dont on avait peuplé Chantilly, il se trouvait un cerf originaire des Ardennes.

« — Deux fois j'ai été battu, dit le prince, deux fois!... C'est trop d'une : je
prendrai ma revanche, si Dieu me donne vie. Qu'il revienne donc, mon beau cerf!

« Le cerf n'y manqua pas.

aux chiens à sa place. On le sait et l'on y est pris ; le temps
que l'on perd à redresser la voie suffit pour lui sauver la vie,
et les rois eux-mêmes en sont réduits à faire sonner comme
de simples particuliers la retraite manquée. Dans l'appréciation de la résistance des animaux on ne tient pas assez compte
de la nature du terrain, tour à tour favorable ou nuisible.
Ainsi les ajoncs, qui mettent en sang les jambes des pauvres
chiens, donnent momentanément de l'avantage aux grands
animaux ; avantage qu'ils reperdent dans les hautes sapi-
nières, touffues et fourrées, mais assez dégarnies à leurs racines pour ouvrir de larges passages à la meute.

Cette résistance résulte encore des circonstances de l'attaque. Il est tout naturel qu'un cerf qui se dérobe au bruit,
s'entraîne peu à peu et prend de l'avance, se défende mieux

« Un jour, à l'heure du déjeuner, un piqueur accourt tout essoufflé auprès du
prince et lui annonce, pâle d'émotion, qu'on avait revu le cerf. Il était ému pour
son propre compte et aussi pour celui de son maître.

« Le prince tint aussitôt conseil ; on délibéra sur les moyens d'attaque et de
poursuite qu'il convenait d'adopter ; mais il voulut lui-même présider aux préparatifs de la chasse qui fut fixée au lendemain. C'était une campagne complète : in-
vasion, pointe et poursuite.

« On échelonna des relais de six lieues en six lieues, de Chantilly aux Ardennes,
ni plus ni moins, et on entendit le prince assurer que, dût-il, pour arriver à ses
fins, passer la nuit et le jour avec ses chiens et ses chevaux, sans débotter, il aurait le cerf.

« Cependant, ce ne fut pas sans un certain battement de cœur que le prince de
Condé fit commencer l'attaque, et cette émotion s'accrut au moment du débuché ;
mais les prévisions avaient été si minutieuses que le prince ne pouvait s'empêcher
de compter sur le succès. Le cerf ayant pris parti, le victoire fut incertaine jusqu'au cinquième relais, qui fut donné sans qu'il eût encore indiqué que sa vigueur
faiblissait. Ce fut à cette distance que la peur le gagna et qu'il fut porté bas, à
trente-cinq lieues de l'endroit où il avait été lancé.

« Vous dire les joies qui suivirent le triomphe et quelle fut la splendeur de l'hallali, ce serait difficile. Tous ceux qui avaient assisté au départ ne furent pas té-
.moins de la prise, mais les trompes sonnèrent longtemps, la curée fut magnifique,
et la munificence du prince sans bornes envers les personnes de sa suite ou de sa
maison qui avaient eu le bonheur ou la force d'assister à la crise finale. » (Extrait
des *Chasses de Charles X*, par Eugène Chapus. En vente chez Dentu, Palais-Royal.)

ue celui qui est contraint dès le départ à des efforts déses-
érés. Un seul relais donné à propos peut avoir raison de ce
ernier.

Finalement, bien que la chasse du cerf ne soit pas à la por-
ée du commun des chasseurs à courre, nous ne pouvons
ous empêcher de reconnaître, d'accord en cela avec Salnove,
u'elle est une excellente école, en ce sens qu'elle apprend à
iscerner les animaux par le pied. Or, le praticien en état de
istinguer la voie de son cerf de meute des nombreuses voies
ui la traversent obtiendra le même succès à l'égard de tous
es autres animaux, qui se jugent entre eux à peu près de la
1ême manière.

C'est parce que le change est aussi fréquent à la chasse du
erf qu'à celle du chevreuil qu'on attache une aussi grande
mportance à la connaissance du pied.

J'étais, il y a quelque trente ans, en instance auprès d'un
ros bonnet de l'administration des forêts pour obtenir une
1odeste permission de chasse à courre et à tir dans un bois
e l'État, où il y avait cependant bien peu de *chose* à courir
t encore moins de *choses* à tirer.

Ennuyé de toutes les lenteurs bureaucratiques, je me pro-
ure une lettre d'introduction, et me voilà sonnant à la porte
u haut fonctionnaire. Personne ne paraissant, je sonne de
ouveau... Même silence. Je resonne une troisième fois, sans
oute avec une certaine impatience, car le manche de la son-
ette me reste dans la main; c'était par ma foi un bel et bon
ied de biche!... En ce moment la porte s'ouvre et je me
ouve en présence du maître de la maison.

« Permettez, lui dis-je pour entamer la conversation, que
e vous restitue ce pied de biche...

— Ce pied de biche est un pied de cerf, me répondit-il d'un
on un peu goguenard.

— De biche, répliquai-je de ma voix la plus douce.

— De cerf!

— De biche, si vous le permettez!

— Soit, de biche, si cela peut vous être agréable... Voyon:
qu'y a-t-il pour votre service? »

L'affaire était mal engagée : n'importe, je lui présentai m
lettre d'introduction, et, tandis que le haut fonctionnaire l
parcourait des yeux, je retournais entre mes doigts le ma
lencontreux pied de biche que, nouveau Galilée, j'aura
mieux fait d'abjurer.

« Monsieur, me dit-il fort sèchement quand il eut termin
la lecture de la lettre, je ne puis... je regrette... vous con
prenez... »

Je comprenais très-bien que j'étais éconduit. — « Puisqu'
en est ainsi, répliquai-je, il ne me reste plus qu'à vous r
mettre ce pied de biche...

— De cerf!... », fit-il cette fois tout à fait en colère.

Je n'avais plus aucun ménagement à garder : « Si c'est u
pied de cerf, m'écriai-je, je m'engage à le manger à la pou
lette!... (ce mot le fit sourire); si c'est un pied de cerf, je m'er
gage à remettre 500 francs aux pauvres de votre arrondiss
ment... si c'est un pied de cerf...

— Assez », fit-il, en m'interrompant, et il porta la main
la sonnette de son bureau.

Je crus en bonne conscience qu'il allait me faire jeter à l
porte par ses gens, et déjà je me préparais à faire tête à la fa
çon du sanglier, quand parut un domestique en livrée :

« Cet homme, me dit-il, a été valet de limier à Fontaine
bleau, l'acceptez-vous pour juge?

— De grand cœur, répondis-je; toutefois convenons de no
faits : si j'ai raison, vous me donnerez la permission que j
sollicite.

— Je vous la donnerai, fit-il d'un ton de fausse bonhomie qui trahissait sa parfaite assurance; mais, s'empressa-t-il d'ajouter, si votre entêtement est flagrant, j'espère...

— Être débarrassé de mes obsessions..., dis-je, en l'interrompant à mon tour; c'est de toute justice. »

Lors, présentant le pied en litige à son domestique : « La Trace (1), qu'est-ce que cela?

— Monsieur, répondit celui-ci, après l'avoir examiné... c'est un pied de biche.

— De biche!... s'écria le haut fonctionnaire en bondissant comme un cabri!... Vous aussi!... et, aveuglé par la fureur, il tordait le pied entre ses doigts... Ça un pied de biche!... On aurait levé et tressé à mon intention le pied d'une biche!... J'aurais forcé une biche!... A d'autres, messieurs!...

— En effet, reprit le domestique tout penaud..., je n'ai pas dit à monsieur qu'on avait volé à notre porte l'ancien pied de cerf et que je l'avais remplacé par ce pied de biche. »

C'était le mot de l'énigme. Le fonctionnaire, honteux de sa colère et plus encore de sa méprise, me fit avec une grâce parfaite amende honorable; mieux encore, il s'exécuta gaiement, et j'obtins, séance tenante, la permission de chasse que je sollicitais vainement depuis si longtemps. J'ajouterai qu'elle ne m'a jamais failli depuis.

— « C'est singulier, disaient mes camarades, d'Houdetot obtient toutes les permissions qu'on nous refuse. » Et moi de garder religieusement mon secret et de m'acquitter par mon mystérieux silence.

Si je vous disais tous les paris de ce genre que j'ai gagnés,

(1) La Trace, La Hure, L'Andouiller ne sont pas des sobriquets, comme on pourrait le croire, mais de vrais noms patronymiques fort en usage parmi les familles de valets de limiers.

vous vous empresseriez de vous instruire pour me faire concurrence.

— « Voilà un beau bois de cerf à sa quatrième tête, disais-je à un ami.

— Tu n'es pas fort, mon cher; c'est un dix-cors, à preuve qu'il porte dix andouillers, cinq sur chaque perche.

— C'est précisément à cause de cela que je maintiens mon dire.

— Parions. — Soit... Un déjeuner..., un dîner, un... » J'aurais gagné ma vie à ce métier.

Vous le voyez, la connaissance d'un cerf par la tête est aussi nécessaire à la ville qu'à la campagne.

Disons-le en passant : il y a une foule de choses élémentaires que nous n'apprendrons jamais, parce que nous n'osons pas avouer que nous les ignorons.

Le phénomène de la végétation d'un bois de cerf, son dépérissement et sa chute paraissent plus admirables encore aux yeux de ceux qui en ont étudié le mécanisme. Tant que le bois du cerf prend de la croissance, il existe dans l'intérieur du merrain une liqueur qui circule, de même que la sève d'un arbre, et lui donne la vie; mais peu à peu elle s'épuise et le bois, privé de nourriture, se dessèche par sa racine et tombe à la fin de l'hiver.

Convenons-en toutefois, les différents âges de ce bel animal se jugent principalement par le pied.

Dans le pied on distingue : les *pinces* (extrémité antérieure du pied), la *sole* (dessous du pied), le *talon* (derrière du pied) (1), les *côtés* (circonférence) et les *os* (sorte d'ergots que les cerfs portent à la jambe).

La biche a le pied remarquablement plus étroit et plus

______

(1) Plus l'empreinte que laisse le talon est rapprochée des ergots et plus le cerf est vieux.

pointu que le cerf; elle le place mal, se méjuge et croise ses allures. On pourrait tout au plus confondre son pied avec celui d'un jeune cerf. (Les animaux ont toujours plus de pied des jambes de devant que de derrière.) Puis il est des biches dites *bréhaignes* (rendues stériles par l'âge), bêtes grasses, pesantes et marquant à peu de chose près comme un dix-cors jeunement. Toutefois un piqueur expérimenté, appréciant leurs allures courtes, les os mal tournés, leurs voies écartées, en ferait aisément la différence; ce qui ne le préserve pas de tomber quelquefois dans l'erreur commune.

Hélas! il y a dans la vie des heures néfastes où l'on commet de ces bévues réputées impardonnables et toujours pardonnées, tant il est difficile, modestement parlant, de s'en garantir. Le plus habile est toujours le plus indulgent.

Le 31 juillet 1830, époque de palpitante mémoire, cherchant à me distraire de mes tristes pensées, je causais chasse avec un vieux garde de la forêt de Rambouillet, que le hasard avait conduit près de notre bivouac.

— « Monsieur, me dit-il, depuis le vingt-six de ce mois j'étais dans l'attente d'un grand malheur, et le voilà arrivé. C'est que, voyez-vous, nous sommes très-superstitieux, nous autres forestiers; or, comme je vous le disais, le vingt-six Sa Majesté Charles X est venue chasser à Rambouillet.

« Les ordres ayant été donnés, chaque valet de limier s'était donc mis en quête, comme d'usage, dès la petite pointe du jour. A la hauteur du poteau que vous pouvez apercevoir d'ici, j'ai senti mon limier se rabattre franchement. La voie, peu favorable d'ailleurs, car la terre était sèche, dure et profondément ressuyée, n'en témoignait pas moins d'un cerf à sa quatrième tête.

« Vous savez aussi bien que moi (toutes les personnes modestes croient toujours qu'on en sait autant qu'elles) que les cerfs, les vieux, les grands, tiennent, quand ils vont d'assurance, les pinces des pieds de devant et de derrière tout à fait fermées, tandis que les biches, au contraire, les ont remarquablement ouvertes. Quant aux biches dites bréhaignes, marquant de même qu'un cerf à sa quatrième tête, parfois même comme un dix-cors jeunement, elles font la désolation des valets de limiers.

« J'avais donc, pour plus de sûreté encore, compulsé avec la plus scrupuleuse attention les foulées, les portées, puis complété mon travail en défaisant la nuit de l'animal. Il devenait évident pour moi que le cerf était là sur le ventre, à la reposée, et que c'était bien, en effet, une quatrième tête.

« La journée du vingt-six s'annonçait sous les plus heureux auspices. La rosée, pompée par les premiers rayons du soleil, faisait craquer les branches des arbres. »

C'est ce que nous autres petits penseurs nous nommons le chant des fleurs, dont une oreille exercée ne perd pas une note.

« A onze heures, Sa Majesté Charles X arriva au rendez-vous. Les rapports, recueillis comme d'usage par le commandant de la vénerie et transmis au premier veneur, accusaient quatre grands animaux : un cerf à sa quatrième tête, celui que j'avais détourné, un dix-cors, un autre dix-cors jeunement et un daguet.

« Sa Majesté ayant opté pour la quatrième tête, les relais furent échelonnés, et je me rendis à la brisée de mon cerf avec les vieux chiens d'attaque. La voie était mauvaise, les chiens avaient de la peine à rapprocher ; finalement le lancé n'eut lieu qu'à la suite d'une quête et d'une requête qui nous firent perdre un temps précieux.

« Je ne pouvais rien à cela, sans doute, mais il n'en était pas moins désagréable pour moi que le cerf eût vidé d'effroi, quand je le croyais à la reposée. Premier contretemps. Bref, depuis près d'une heure la chasse se traînait tant bien que mal, quand on revit de l'animal par corps. O honte!... ô désespoir!... mon cerf à sa quatrième tête n'était autre qu'une grande et vilaine biche bréhaigne! Un roi de France avoir chassé une biche! et par ma faute encore! vous jugez de mon désespoir et de mon humiliation.

« Sa Majesté me fit appeler et, au lieu de me gronder, ainsi qu'elle en avait bien le droit, elle s'efforça de me consoler avec cette grâce et cette bonté que vous avez pu apprécier tout comme moi, puisque vous êtes un des officiers de sa garde. Mais le coup n'en était pas moins porté et dès ce moment j'ai compris que le roi ou moi, peut-être bien tous les deux, nous étions menacés d'un grand malheur (1). En effet, le lendemain on se battait dans Paris et tous nos tristes pressentiments s'étaient réalisés. »

Revenons à notre sujet. Règle générale : quand on éprouve quelque difficulté à bien juger du pied d'un animal, il faut suivre durant quelques instants le contre-pied, certain qu'il se présentera une preuve de nature à dissiper toute incertitude ; sans perdre de vue toutefois que les animaux d'un bon gagnage ont plus de pied que ceux qui en fréquentent de mauvais. A cet effet, le veneur inspecte avec soin les brisées qu'il a placées en faisant le bois, à chaque nouvelle voie de l'animal traversant une route. Les brisées servent de jalons à ceux qui suivent le même rembuchement. C'est de là qu'est venue l'expression... « aller sur les brisées de quelqu'un ».

Les fumées ne sont pas non plus à dédaigner ; elles diffèrent selon les saisons et les lieux, ainsi que selon l'âge du cerf. On en compte de quatre sortes, savoir : les fumées en

(1) Cet épisode, mentionné dans les *Chasses de Charles X*, par M. Eugène Chapus, est d'une rigoureuse exactitude.

plateaux (en avril et mai); les fumées en troches (juin et juillet); les fumées formées (août), et les fumées en bousards (1). Voilà la règle, modifiée toutefois par la nature des gagnages.

Il est prouvé qu'on peut, dans la même journée, lever des fumées de formes différentes, quoique provenant du même animal et, conséquemment, prendre des fumées de la veille pour celles du jour, surtout lorsqu'elles ont été déposées à l'abri du soleil.

Lorsque les cerfs sont en rut, il est bien difficile de juger leurs fumées, décomposées par la chaleur qui les dévore.

En résumé, nonobstant les autres renseignements et les erreurs dont personne ne peut se défendre, la connaissance d'un animal par le pied est la seule qui témoigne parfaitement de son identité; à plus forte raison lorsqu'il s'agit d'un cerf de meute, courbé sous le poids de la fatigue, appuyant du talon, écartant les pinces et raccourcissant ses allures.

Il fait mal à voir ce noble animal, alors que bruni par la sueur, la tête basse, les flancs creux, les jambes roides, il bondit sur place des quatre pieds à la fois, prêt à jeter aux chiens, avec le dernier souffle de sa vie (2), le dernier arome de ses sens épuisés.

(1) Il est d'autres désignations, non moins accréditées : telles sont les fumées dorées (jaunes); les fumées aiguillonnées (terminées par une petite pointe); les fumées entées (unies entre elles); les fumées déliées (molles comme de la bouse de vache, d'où leur est venu le nom de bousards); les fumées martelées (sans aiguillon); les fumées ridées; ces dernières ne sont applicables qu'aux vieux cerfs et aux vieilles biches.

(2) En passant à la vue des chasseurs, le cerf, quelque épuisé qu'il soit, redresse, dans un suprême effort, sa noble tête avec fierté. Le cerf pris par les chiens doit être achevé aussi promptement que possible. Savoir : le vieux cerf d'un coup de couteau de chasse porté de côté et derrière la hampe (poitrine), ou au défaut de l'épaule dans la direction du cœur; le jeune cerf, la vieille biche, le daguet et le faon, d'un coup à la nuque, porté de haut en bas entre la tête et le cou, de manière à pénétrer jusqu'à la moelle épinière. Quand on sert l'animal, ainsi que cela se pratique de nos jours, à l'aide de la carabine, on tire entre les deux yeux ou au défaut de l'épaule.

Fatal instinct! l'étang vers lequel l'entraîne le feu qui le consume est pour lui une onde empoisonnée; il n'en sortira, s'il en sort, que pour se livrer aux chiens, dans un dernier combat à outrance. Ce n'est plus le timide animal qui défend sa vie, c'est le lion qui la vend; il lutte jusqu'à son dernier soupir; mais, ainsi que nous l'avons déjà dit, la délicatesse de sa chair ne répond pas à la beauté de ses formes. Le cerf n'est vraiment mangeable qu'à titre de fruit défendu ou laborieusement conquis.

Des paysans ayant achevé, à coup de louchet, un cerf devant nos chiens, en revendiquèrent un peu hostilement leur part. Le lendemain, je leur fis porter, par l'équarrisseur, le cuissot d'une ânesse, *bien saine*, mais morte de vieillesse : ils le trouvèrent excellent.

Ainsi que la guerre, la chasse a ses martyrs. « Au sanglier le mière (1), au cerf la bière », dit un vieux proverbe de vénerie, et il a raison; les andouillers du dix-cors sont plus dangereux que les défenses du sanglier.

Le cerf pleure, dit-on, à ses derniers moments; il se regrette peut-être. Erreur ou calomnie; ses larmes ne sont que les sueurs de ses yeux.

Triste conclusion : ce noble animal, dans la nappe duquel on ensevelissait jadis les rois, n'en est pas moins destiné, dans un temps très-rapproché, à disparaître de nos forêts (2), qui, elles-mêmes, disparaîtront sous la cognée des niveleurs. Hélas! la faute en est aux temps et non aux hommes; car, Dieu merci, il est encore en France des veneurs du plus haut mé-

---

(1) Synonyme de barbier, ou chirurgien en vieux français.

(2) Dans nos climats tempérés, le cerf (le mâle s'entend) n'a aucun ennemi redoutable parmi les animaux; mais il est exposé à une maladie épidémique, le *charbon* qui, selon les localités, le décime jusqu'au dernier. Les animaux qui vivent dans les grandes forêts y sont toujours moins exposés que ceux des parcs.

Le sel est la substance qui convient le mieux aux animaux : ils en sont tellement friands, que les cerfs d'Amérique s'éloignent, à une certaine époque de l'année, jusqu'à quatre cents lieues de leurs gagnages pour se rapprocher des lacs salés.

rite. Ce n'est pas non plus la passion qui manque, c'est la terre et l'argent; c'est l'harmonie entre toutes les classes qui, au lieu de s'aimer, se jalousent et se détestent. Qu'un animal, entraînant une meute sur ses pas, débuche dans un champ dépouillé de ses fruits, soudain des procès, des injures, des conflits inévitables : il semble que, dans notre siècle, on ait inventé un nouveau plaisir : la peine d'autrui!

Qui le croirait! le plus léger de tous les animaux de la création est le plus facile à réduire et à forcer (1). Dépensée sans intelligence et sans ménagements, sa prodigieuse vitesse est une arme de plus qu'il retourne contre lui-même. Un cerf, couru par un équipage de premier ordre (princier), n'a pas plus de deux heures de vie (moyenne d'une rigoureuse exactitude) : les livrets des chasses de Charles X et du duc de Bourbon en témoignent. Le cerf qui a fourni la plus belle défense a été pris après six heures de chasse; il est vrai qu'on en pourrait citer qui ont succombé en moins de cinquante minutes.

Hélas! les rois et les grands sont pressés de jouir; pour eux le plaisir passant comme les heures doit se renouveler comme elles.

Un dernier mot. Que sont devenues ces familles de veneurs autour desquelles se groupaient d'autres familles traditionnelles de piqueurs et de valets de limiers, se prêtant un éclat et un appui mutuels?... Triste conclusion!... le maître a entraîné le serviteur dans sa ruine; le prestige qui sauvegardait la vie du roi de nos forêts s'est dissipé, et si le délit subsiste encore, justifié par l'exemple, l'attentat moral a disparu aux yeux des braconniers. Désormais, les mœurs cynégétiques de l'Allemagne (2) (le pays de la terre où l'on tue le

(1) On a vu maintes fois un seul chien forcer un cerf.

(2) Dans presque toute l'Allemagne, on procède à la chasse des grands animaux, comme à celle des plus petits, sans suite ni chiens : il est rare qu'on y fasse usage

plus de gibier et où l'on chasse le moins conformément aux règles de la vénerie) se sont infiltrées dans notre belle France. Aucune tradition n'est plus respectée ; on tue le cerf à l'affût !... et la nation qui avait mérité qu'on donnât dans toutes les cours de l'Europe le nom de chasse française à la grande chasse à courre a perdu tous les fleurons de sa couronne.

Heureusement, voici venir la vénerie impériale qui, réunissant pour la seconde fois depuis cinquante ans les débris épars des royales véneries, se reconstitue aux acclamations des disciples de saint Hubert. L'art ne périra pas.

de grands équipages, mais on *routaille*, à l'exemple des anciens peuples et des braconniers modernes, en se glissant à travers bois pour surprendre un cerf que l'on abat d'un coup de carabine ou que l'on tue en battue ou à l'affût. On conçoit que ce mode de chasse, justifié par la rigueur d'un climat qui rend impossible le travail des chiens et leur concours inutile, soit en grande faveur en Russie ; mais dans l'Allemagne tempérée il ne peut s'expliquer que par l'abondance des animaux et la difficulté de faire garder le change à une meute.

CHAPITRE VI

LE DAIM

La chasse du daim est une annexe de la chasse du cerf; quand on sait chasser l'un on sait chasser l'autre. Avec un peu plus de probité littéraire que je n'en ai je pourrais terminer ainsi ce chapitre; mais, vous le savez, on tient moins à être riche qu'à le paraître et conséquemment à avoir de la science qu'à en montrer : d'ailleurs, il est dans la destinée du lecteur d'être sans cesse victime de la fatuité de l'écrivain. Je me confesse comme d'usage de mes vieux péchés pour faire de la place aux nouveaux.

Le daim est un animal peu estimé des chasseurs; il est vrai qu'il n'entraîne pas, ainsi que le cerf, meutes et cavaliers dans une trombe qui dévore l'espace et renouvelle, comme autant de changements à vue, les tableaux les plus variés et les plus éblouissants de nos forêts.

Originaire des pays méridionaux, le daim a été importé en Europe à une époque si reculée qu'on ne saurait en assigner la date.

Les êtres qui ont entre eux quelque point de ressemblance ou quelques liens de parenté, tels que le lièvre et le lapin, le loup et le chien, le cerf et le daim, l'homme et son semblable, ne peuvent pas se souffrir. Où vous verrez un cerf, attendez-vous à ne jamais rencontrer un daim.

Ce bel animal entre en rut quelques jours plus tard que le cerf, état qui n'altère en rien sa venaison ; aussi est-il le moins léger de tous les fauves et conséquemment celui que l'on réduirait le plus aisément, si quelques particularités ne venaient en aide à cet animal pour lequel les chiens ont une prédilection marquée.

Les daims vivent en hardes, de même que les cerfs. Lorsqu'ils sont en trop grand nombre, par rapport à l'étendue des bois, ils se divisent en deux bandes distinctes et se livrent des combats auxquels les daines elles-mêmes ne craignent pas de prendre part, car ce n'est plus une question d'amour, mais bien de viandis, autrement dit de pâturages et de demeures.

La daine porte huit mois et quelques jours, comme la biche ; elle a le même nombre de faons.

Le bois du daim, moins long et beaucoup plus large que celui du cerf, se termine par une empaumure aplatie ; ses andouillers sont aussi plus nombreux et moins saillants.

A huit mois la tête du jeune daim se garnit de deux dagues recouvertes d'une peau velue ; à deux ans il refait sa seconde tête ; à trois ans les empaumures commencent à se dessiner

sur son nouveau bois qui prend d'année en année plus de développement. Les andouillers, les échancrures, les gouttières, les empaumures deviennent plus grands, plus nombreux et plus profonds; enfin le daim est réputé dix-cors au
même âge que le cerf, bien qu'il soit plus précoce que lui et
qu'il vive conséquemment moins longtemps.

Un pied de daim est un pied de cerf en miniature. Un daim
dix-cors marque comme un jeune faon de cerf. Tout ce qui
a été dit sur le cerf s'applique au daim, quant aux fumées,
foulées, portées, etc., etc... « Les discours prolixes sont précisément aussi commodes pour l'expédition des affaires
qu'une robe à queue l'est pour la course », a dit Bacon; voilà
pourquoi je tiens à conclure aussi brièvement. Il ne faut pas
dans ses écrits imiter ce quidam qui, après s'être fait prendre
la mesure d'un habit brun, se crut obligé de se faire prendre
la mesure d'un habit noir.

Les animaux étrangers subissent plus que les autres l'influence du climat; ainsi s'explique la grande variété des
daims. Il y en a, en effet, de toutes les nuances, depuis le jaune-
paille moucheté jusqu'au brun, depuis le blanc jusqu'au noir.

Le daim est un animal de parc bien plus que de forêt. Il
lui faut de bons pâturages, des bois secs, aérés, mélangés de
clairières. Très-sensible au froid, il réclame des soins particuliers durant des hivers rigoureux. Broutant de plus près
que le cerf, il cause plus de dommages, mais, moins sauvage, cet animal pâture sur les pelouses à la vue des promeneurs; il semble qu'il ait été créé pour ajouter au pittoresque
d'une échappée de vue.

L'Angleterre est le pays classique du daim; il y remplace
avantageusement le cerf, devenu aussi rare de l'autre côté du
détroit que le loup, c'est-à-dire qu'ils n'y existent ni l'un ni
l'autre à l'état sauvage. Un auteur ancien s'est livré dans un

énorme volume à une longue dissertation sur les soins que réclame la reproduction des grands animaux; puis à la dernière page il ajoute ce *post-scriptum :* « On peut obtenir le même résultat en mettant un grand nombre de femelles. » Je vous demande s'il n'aurait pas mieux fait de commencer son ouvrage comme il l'a fini?... Néanmoins il avait raison, car ce peu de mots renferme tout le secret de la reproduction.

Le gentleman anglais ne connaît que deux espèces de chasse : celle du renard et celle du daim. On peut même lui rendre cette justice qu'il y excelle, non-seulement à titre de sportsman, mais de veneur.

Je profiterai de l'occasion pour flétrir de quelques légères railleries ceux (il n'est pas question des Anglais, trop bons chasseurs pour en agir ainsi) qui transportent un daim dans une forêt et le chassent à coup sûr, sans aucun risque de change, seule arme défensive de ce pauvre et timide animal qui, ainsi dépaysé, est hors d'état de se défendre.

Dès l'instant que l'on entre dans cette voie déloyale, à quoi bon tant de ménagements?... Que n'attache-t-on des banderoles à ses bois?... Que ne les peint-on en rose?... Le succès serait plus certain encore.

Les sociétés de chasseurs sont seules capables de telles excentricités; d'ordinaire elles se constituent pour détruire, mais en voici venir une qui du moins s'est constituée pour conserver.

Je veux parler de la Société algérienne de Saint-Hubert, patronnée, non plus seulement par des noms, comme d'usage, mais bien par des hommes, dans toute l'acception du mot.

. Les statuts de cette militante Société se distinguent par une philanthropie et une prévoyance qui sauvegardent les animaux et garantissent aux générations futures une large part de béatitudes cynégétiques.

Mais, dans ces zones héroïques où le gibier surgit tout à coup sous la forme d'un ennemi, on a dû étendre jusqu'aux dernières limites le droit à l'assistance, à la fraternité, droit naturel sans doute, mais qu'on ne saurait trop rappeler à l'homme dans l'isolement. — Pour être brave, il n'a manqué souvent à l'homme que des témoins.

Quel charme pouvait ajouter encore à l'attrait d'une chasse sans limites, sans entraves, au sein de l'abondance et de la variété de tous les animaux? Un seul, le plus chatoyant de tous... l'attrait du danger!

Heureux confrères hospitaliers de l'Algérie, chasseurs guerriers, véritables louvetiers pour lions et panthères, poursuivez votre œuvre éminemment conservatrice, protestez par votre exemple contre les écarts de cette chasse cuisinière qui s'infiltre dans nos mœurs!... Gardez religieusement vos statuts, mais, fussent-ils insuffisants, souvenez-vous que la plus mauvaise loi respectée vaut mieux que la meilleure qu'on enfreint. Pardon de cette boutade philosophique.

D'ordinaire on ne détourne pas le daim à trait de limier. Lorsqu'on sait qu'une harde est cantonnée dans une partie de bois, on le fait fouler par quelques chiens sages qui divisent la harde, ce qui permet de découpler la meute sur l'animal dont on a fait choix.

Tous les chiens qui courent le chevreuil et le lièvre sont dans d'excellentes conditions pour chasser le daim. Ce n'est pas d'ailleurs une question de vitesse, mais c'est une question de science et de sagesse.

La chasse du daim commence comme finit celle du cerf;

c'est-à-dire que dès l'attaque il se fait battre de même qu'un cerf sur ses fins ; ne cherchant pas à percer, mais à ruser, il n'a qu'un seul but, celui de se mêler aux hardes et de donner le change, toujours difficile à parer, attendu que cet animal ne laisse, toutes proportions gardées, qu'une légère empreinte sur la terre. Il tient son fort jusqu'à la mort, débuche rarement et s'il bat l'eau, ne se risquant qu'accidentellement à traverser un étang ou une rivière, il est rare qu'il ne ressorte pas aussitôt du même côté.

Nous le répétons, la chasse du daim est la miniature de la chasse du cerf, avec la seule différence qu'il fait encore plus de détours, de ruses et de sauts. S'attachant principalement à rallier les hardes dont les demeures lui sont bien connues, il s'éloigne fort peu du lancé, rebat ses voies et les embrouille de manière à rendre le moindre défaut difficile à relever. Quoique moins résistant, il se défend mieux que le cerf. Finalement, lorsqu'on attaque un daim, il y a gros à parier qu'on en prendra un autre.

Le daim doit être chassé comme le cerf et respecté à plus de titres encore ; il y aurait conscience d'ailleurs d'abattre d'un coup de fusil un animal aussi inoffensif et aussi intéressant à réduire.

Voilà tout ce qu'on peut dire de cette chasse exceptionnelle ; et pourtant que de souvenirs elle évoque ! C'est à l'occasion de la mort d'un daim que Shakespeare, sous le coup d'une condamnation rigoureuse, se sauva du bourg de Stratford, où il exerçait la modeste profession de maître d'école, pour chercher un refuge à Londres, où il devint le plus grand poëte de l'Angleterre.

Pourrait-on oublier davantage le rôle que, dans les romans de Walter Scott, jouent les chasseurs de daims, types

nationaux, incarnés, bardés de feutre et armés de pied en cap
comme les héros du moyen âge? Mais hélas! c'étaient des
perles qui tombaient de la plume du célèbre romancier anglais
et non des préceptes... Walter Scott n'était pas chasseur.

La chasse du daim, n'ayant encore été décrite d'une manière satisfaisante par personne, attend, non son poëte, mais
son historien.

Espérons que cette lacune sera comblée, si toutefois elle a
besoin de l'être, tant la chasse de cet animal à moitié privé
est la mesquine parodie de celle du cerf.

Qui peut le plus peut le moins.

Dessiné par V. Adam

CHAPITRE VII

LE CHEVREUIL

On ne saurait étudier les mœurs de ce charmant quadrupède sans éprouver un sentiment secret de compassion, sans se sentir ému, touché, désarmé même. Philémon et Baucis ne brûlaient pas l'un pour l'autre d'une affection plus tendre que le brocard ne brûle pour sa chevrette.

Tandis que le cerf, ce sultan des forêts, passe sa vie dans un perpétuel concubinage, le brocard fait choix d'une compagne, non pour la saison des amours, mais pour les amours de toutes les saisons; leurs liens durent autant que leur vie (1).

(1) Les chevreuils vivent de douze à quinze ans. On en reconnaît de deux pelages différents, les roux et les bruns, sans qu'ils soient plus estimés les uns que les autres.

Le chevreuil est répandu dans toute l'Europe; il recherche les bois les plus accidentés, hormis ceux où dominent les arbres résineux.

La chevrette porte cinq mois et demi; elle met bas dans le courant de mai. D'ordinaire elle a deux faons, mâle et femelle, rarement trois, mais jamais un plus grand nombre.

A six mois, deux bosses commencent à se dessiner sur l'os frontal du jeune chevreuil et forment, comme pour le cerf, les meules de ses dagues (1) qui achèvent leur parfait développement dans le courant de la seconde année; de là lui vient le nom de daguet ou brocard. A trois ans chaque perche jette un premier andouiller à environ trois pouces de la meule, et un second un peu au-dessus. Durant les années suivantes, elle se garnit de nouveaux andouillers, jusqu'au nombre de quatre ou cinq par perche. Alors seulement le chevreuil est réputé dix-cors en terme de vénerie; mais pour nous autres modestes chasseurs à courre et à tir tout mâle est brocard, toute femelle est chevrette. Il va sans dire qu'un chasseur qui se respecte ne chasse jamais que le brocard; plus difficile à forcer que la chevrette, il prend des partis plus décidés et sa mort ne cause aucun remords. Gloire et profits.

Les vieux brocards se reconnaissent à la force de leurs bois, à l'épaisseur du merrain, à la grosseur de la meule et à la profondeur des gouttières. On distingue parmi les chevreuils, comme parmi les cerfs, des têtes bizarres, contrefaites ou mal semées.

Le chevreuil entre en rut une fois par an, vers la fin d'octobre (2), sans ressentir pour cela aucun des transports fu-

(1) A chaque renouvellement les bois sont couverts d'une petite peau velue, dont l'animal accélère le dépouillement en frappant contre les branches des arbres, ce qu'on appelle *toucher au bois*.

(2) On a remarqué qu'ils éprouvent une première réminiscence de rut vers le mois d'août; mais c'est un *faux rut*, le vrai n'a lieu que deux mois plus tard.

rieux qui signalent le rut du cerf ; il raie comme lui, mais sans éclat. Immédiatement après il perd ses bois et durant l'hiver il refait sa tête.

Vous pensez peut-être que parmi les cerfs et les chevreuils, car ils sont de la même famille, les mâles seuls ont des bois ? Ce serait une grande erreur. Invoquons à cet égard, quelque exceptionnel qu'il soit, le témoignage de Hartig, le célèbre auteur allemand :

« La chevrette n'a point la tête ornée de bois comme le mâle, « mais elle porte beaucoup plus souvent que les autres fe- « melles du genre cerf de petites dagues, qui se renouvellent « comme celles du brocard. Cette circonstance constitue le « chevreuil comme formant le passage du genre des cerfs au « genre de la chèvre. »

Ce phénomène n'a rien de bien extraordinaire ; les vieilles poules faisanes stériles revêtent bien la livrée des coqs, au dire de Buffon et de Temminck ; pourquoi les chevrettes ne prendraient-elles pas des bois comme les brocards ?

La connaissance du chevreuil par le pied est tout ce qu'il y a de plus délicat au monde, à moins qu'il ne fasse très-beau revoir. On ne saurait donc établir de différence un peu sensible qu'entre un brocard déjà à sa quatrième tête et une chevrette. Hors de là l'erreur semble tellement naturelle qu'en pareille occurrence le piqueur, en faisant son rapport, n'affirme plus : « Je le soupçonne brocard, dit-il. » Cela console de toutes les méprises qu'on pourrait commettre.

Si vous avez devant les yeux le spécimen d'un pied de brocard et d'un pied de chevrette vous en ferez facilement la distinction. En effet, le brocard a les pinces plus rondes, le talon plus fort, les os mieux tournés, les allures plus grandes ; mais ne voyez qu'un seul pied et vous retombez dans l'incertitude, attendu qu'un pied de brocard n'a en réalité qu'une demi-ligne de plus qu'un pied de chevrette, bien que cette dernière ait le pied de devant plus creux, les pinces plus aiguës, la sole moins large et les côtés plus tranchants que le brocard. Une connaissance qui n'est pas à dédaigner non plus, ce sont les *régalis*, c'est-à-dire les traces que le chevreuil a laissées en grattant la terre avec les pieds de devant. Cette habitude, familière au mâle, ne se retrouve que très-rarement dans la femelle. Quant aux fumées (1) et aux portées, elles ne peuvent fournir que de vagues renseignements.

En pareil cas il est prudent de s'assurer du sexe de la bête avant de faire feu.

La chasse du chevreuil, à courre et à tir, a des rapports intimes avec celle du lièvre, bien que présentant plus de difficultés, les ruses du chevreuil se faisant toujours dans le couvert, tandis que celles du lièvre ont lieu aussi fréquemment en plaine et le long des chemins que dans le bois. Finalement, le lièvre et le chevreuil emploient pour se défendre les mêmes armes. Aussi fait-on usage envers l'un et l'autre des mêmes chiens. Les briquets de moyenne taille, à jambes courtes et nerveuses, sont parfaitement appropriés à cette chasse.

Ceux qui tiennent à honneur de forcer le chevreuil procèdent comme pour le cerf, avec meute et relais de chiens assez vites pour ne pas laisser à l'animal le temps de ruser et de donner le change.

Le chevreuil se détourne à trait de limier, de même que le cerf, le sanglier et le loup; mais avec infiniment moins de précaution; certain de le retrouver dans la même enceinte,

---

(1) Les fumées de brocard se nomment moquettes; mais, bien qu'elles soient aiguillonnées comme celles du cerf, on n'attache aucune importance à ce renseignement.

on ne craint pas de le faire bondir en le rapprochant de trop
près (1) : tout l'effraie, mais tout le rassure promptement.

Cet animal est doué de plus de fond, de légèreté, de sang-
froid et de courage que le cerf, avec qui il a de grands rapports; je dis de courage, car il se défend contre lui, non en
luttant à force ouverte, la partie ne serait pas égale, mais en
se glissant sous son ventre et le frappant sans relâche de ses
petits andouillers, au point de rester souvent maître du champ
de bataille.

Le sentiment que laisse le chevreuil après lui est goûté avec
infiniment d'ardeur par les chiens; ils préfèrent cet arome
fin et délicat à celui de tous les autres animaux, à l'exception
du daim, qu'ils mettent sur la même ligne (2).

Demander à une meute de garder le change, ce serait trop
exiger d'elle; il suffit, comme pour le lièvre, qu'elle le marque
par un relancé momentanément moins vif. En résumé, le cerf
prémédite le change, le provoque, l'impose; le chevreuil l'accepte de sa compagne. Ici du dévouement, là de l'égoïsme.

Au printemps les chevreuils font leurs viandis dans les
jeunes taillis, dont ils broutent les premiers bourgeons, au
point de s'enivrer et de perdre momentanément la finesse et
la prudence qui les caractérisent. Instinct fatal que les braconniers savent si bien mettre à profit.

Au sortir du brout ces animaux, que l'on sait très-friands
de pois, d'avoine et de regains, établissent leurs demeures à
portée des gagnages; durant l'hiver ils trouvent, dans les
grandes bruyères exposées au midi, un abri contre le froid.

(1) Les praticiens recommandent de ne pas craindre de mettre le chevreuil debout, pour confirmer la connaissance de l'animal.

(2) La qualité de la chair du chevreuil dépend, en grande partie, de l'essence de
bois dont la forêt est aménagée; les chevreuils des pays élevés passent pour les
plus délicats. On prétend que les bruns ont la chair plus fine que les roux clairs.
Les chevrettes sont plus estimées.

Selon les saisons, le chasseur doit donc se mettre en quête du chevreuil dans les lieux que le soin de son alimentation, de sa sûreté et de son hygiène lui fait particulièrement rechercher. L'homme agit sans raison, par caprice; les animaux raisonnent toutes leurs actions. Lorsque la tête du chevreuil est dure, lorsque ses bois sont bien formés, il ne craint pas de tenir les grands forts, tandis que durant le travail de ses bois, alors tendres et délicats, il recherche de préférence les jeunes taillis peu garnis de baliveaux, dont il redoute le contact.

Habituellement, ne tenant aucun compte de ces observations, le chasseur se contente de fouler au hasard le bois devant lui avec tous ses chiens, et l'attaque a lieu; trop souvent même la chasse commence comme elle devrait finir, c'est-à-dire par un de ces coups doubles désastreux qui surprennent le brocard et la chevrette fuyant ensemble; autrement le brocard aurait la galanterie de se livrer le premier aux chiens.

Lorsque la chasse s'engage dans de telles conditions, le chevreuil, ne cherchant qu'à entraîner la meute après lui, perce au loin sans ruser; sa course se traduit en bonds légers, mais impétueux; c'est à peine s'il effleure la terre de ses pieds. Point d'empreintes, point de voies appréciables à l'œil... par un temps un peu sec, dans des terrains rocailleux ou sur des chemins herbés.

L'été, le brocard se rembuche seul. Dans cette saison, il est facile de le lancer sans s'exposer à une erreur, d'autant plus regrettable que les femelles sont sur le point de faire leurs faons.

Quand on lance la chevrette avec le brocard, on peut, par l'inspection de la double voie, distinguer l'endroit où elle a quitté la route suivie par ce dernier.

Ceux qui ne connaissent que les chevreuils de nos parcs

des environs de Paris, animaux grands, forts, lourds, pe-
sants, vivant à pleine litière, ne s'effrayant d'aucun bruit,
jouissant, jusque sous les yeux des promeneurs, d'une béati-
tude qui leur procure un embonpoint phénoménal, et laissant
après eux l'empreinte non plus d'un chevreuil, mais d'un
daim, tant leur pied s'est épaissi sous le poids de leur corps ;
ceux-là, dis-je, les chasseurs, s'entend, auront de la peine à
s'expliquer la différence qui existe entre ces chevreuils quasi
domestiques et les petits animaux sauvages, secs et nerveux,
de nos forêts de l'intérieur... Ce sont de ces derniers seulement qu'on peut dire avec raison qu'ils ne laissent que l'empreinte d'un oiseau.

Les mauvais chasseurs suffisent pour les uns, les bons sont
à peine suffisants pour les autres. C'est alors que le jugement, la connaissance des lieux, la mémoire, l'expérience
portent leurs fruits et constituent ce que le vulgaire ignorant
nomme le bonheur!... Comme si le bonheur des uns n'était
pas, non le malheur, mais le mal jouer des autres.

Tout chevreuil, il est vrai, revient dans un temps donné au
lancé (1). En vertu de cet axiome fort commode, bon nombre
de chasseurs, j'en rougis pour eux, car la chasse doit être
réellement à courre pour les hommes comme pour les chiens,
au lieu de suivre la chasse se contentent de garder les grandes
lignes en prévision du retour, de s'échelonner à bon vent et
finalement d'attendre en prêtant l'oreille.

Je les en préviens, cette manière de procéder est rarement
couronnée de succès. Le chevreuil, parvenu à l'accul de la
forêt, se défait d'autant plus aisément des chiens qu'une fois
tombés à bout de voie et n'ayant plus personne pour les gui-
der et les raffermir, ils requêtent d'eux-mêmes au hasard et

(1) Les grammairiens seraient dans leur droit d'écrire *lancer* ; j'invoque l'usage,
qui est une règle autrement souveraine.

ne tardent pas, dans un pays peuplé de chevreuils, à en relancer un autre, sans que les chasseurs en aient connaissance. Les chiens avaient attaqué un brocard et ils ramènent une chevrette, de même qu'ils pourraient très-bien ne rien ramener du tout.

C'est pour obvier à cet inconvénient que je recommande de n'employer à la chasse à courre et à tir que des chiens lents (la lenteur n'est pas un obstacle à la bonté, loin de là), qui laissent au chevreuil, il est vrai, toute liberté de ruser, mais donnent aux chasseurs le temps de les rejoindre. Il est reconnu en principe qu'à la chasse du chevreuil les chasseurs doivent se maintenir le plus près possible de la meute pour entretenir son ardeur, la faire requêter à propos et, en résumé, la mettre en garde contre le change, d'autant plus menaçant que tout chevreuil, à moins d'être sur ses fins ou de randonner accidentellement, conserve toujours une grande avance.

La principale ruse de tous les animaux, notamment du chevreuil, consiste à se relaisser à la suite d'un hourvari; ce n'est donc qu'en ralliant les chiens au plus vite, et en foulant le bois sur le lieu même du défaut, qu'on a le plus de chance de faire bondir la bête de meute à portée.

Dès qu'un défaut est déclaré, il faut prendre de grands arrières (le chevreuil fait toutes ses ruses en retour), bien au delà des lieux dégarnis dans lesquels le chevreuil évite autant que possible de s'engager et où il serait parfaitement inutile de le chercher. Il a dû doubler ses voies un instant avant d'opérer son retour, doublez également les vôtres; ne craignez pas qu'il profite du temps que vous lui accordez pour se forlonger indéfiniment; il est à la reposée, flâtré comme un lièvre, attendant le résultat de sa ruse. Si vous ne parvenez pas encore à redresser la voie, prenez, pour n'avoir

en à vous reprocher, vos grands devants, accomplissez le
ercle, foulez et refoulez les forts, les hautes herbes, les ron-
ers. S'il y a des fossés, des carrières, des fondrières, ins-
ectez-les avec soin ainsi que les ruisseaux dont le chevreuil
me à suivre le cours. Sachez qu'au besoin il franchirait un
ang avec l'aisance d'un cerf qui n'en serait pas à son pre-
ier essai de natation. Maintenez le plus possible vos chiens
ès de vous dans l'attente du relancé, dont il vous importe
apprécier les moindres particularités, attendu que le change
ndit toujours de plus loin que la bête de meute, sur le
rps de laquelle il faut, pour ainsi dire, marcher avant de la
ntraindre à reprendre sa course.

Enfin si, nonobstant la constance de vos efforts, vous ve-
ez à perdre tout sentiment de la bête, ne vous tenez pas
core pour battu; renouvelez vos arrières et vos devants,
ssez partout où vous avez déjà passé. Il m'est arrivé de
trouver la voie dans des lieux où je n'en avais eu une pre-
ière fois aucune connaissance, et cela parce que le chevreuil
ofitait de mon éloignement pour sortir de sa retraite et re-
urner en ligne droite vers son canton. C'est le fait du lièvre
dérobant de son gîte lorsqu'il n'entend plus de bruit; c'est
fait de tous les animaux timides. Persistez donc dans vos
cherches et n'oubliez pas qu'un relancé opéré dans de telles
nditions est mille fois plus honorable qu'un hallali dû seu-
nent au hasard.

A la suite d'une course un peu prolongée, tout chevreuil
ntant le besoin de reprendre haleine randonne quelque
mps dans la même enceinte, comme un cheval au manège.
ulez-vous au plus vite sous bois, derrière la chasse; ga-
ez la double voie battue et rebattue, jonchée d'herbes et
feuilles, voie aussi apparente que la route la mieux frayée.
chasse à courre et à tir est à la fois une battue et un affût.

Placez-vous, c'est de bonne guerre, derrière une cépée et a
tendez à bon vent le chevreuil qui ne manquera pas de r
passer dans le même endroit, pied pour pied, c'est infaillibl
A moins, car tout doit avoir une fin, qu'un incident que
conque ne le détermine à aller renouveler cette tactique s
un autre point.

Hélas! je viens de vous révéler dans ce peu de mots tout
secret de mes succès passés et très-passés; ne le divulgu
pas sous peine de ne conserver aucun chevreuil.

Le braconnier, usant d'un procédé autrement indélica
imite pour attirer le brocard le cri amoureusement plaintif
la chevrette et, pour faire accourir cette dernière, le tend
cri de ses faons. Que d'ennemis ont ces pauvres chevrette
sans compter les déloyaux chasseurs qui ont la cruauté de l
donner à leurs chiens alors même qu'elles sont pleines!

J'ai eu des remords la première fois, me disait quelqu'u
que je gourmandais à cette intention; mais il en est des r
mords comme des clous, l'un chasse l'autre.

Moi aussi j'ai commis sciemment cette atrocité. « Veill
bien sur vous, me dit le garde, tout en m'aidant à charger
pauvre défunte sur l'impériale de la voiture,

> Qui tue une chevrette pleine
> Avant minuit a de la peine,

autrement dit verse des larmes »... C'est un vieux proverl
forestier (1) dans lequel les gardes ont une entière confianc

Et moi d'en rire et de songer d'autant moins à cette prédi
tion que ma sensibilité, à l'inverse de celle des autres homme
me disposerait bien plus volontiers à pleurer de ce qui l
ferait rire et à rire de ce qui les ferait pleurer.

A mon retour à Paris je trouvai une lettre de mon frère q

(1) Ce proverbe s'applique également à la biche.

m'annonçait que, chargé d'une mission et partant dans la nuit même, il m'attendait au bal de la Cour pour me faire ses adieux.

Je suis un peu (lisez beaucoup) ours de ma nature : l'éclat des lustres, le parfum des fleurs, la beauté des femmes, me rappellent les succès... que je n'ai jamais eus. Je me sens humilié, attristé, et finalement j'ai les bals en aversion. J'aime assez qu'on se dise en face et de son vivant ses vérités, cela vaut mieux que d'insulter les autres dans des mémoires posthumes.

Après m'être consulté avec ce bon frère, vieux troupier de l'Empire, homme de cœur et d'esprit, mais mauvais chasseur, ce qui ternit à mes yeux quelques-unes de ses rares qualités, je me disposais à quitter le bal, quand j'aperçus, au milieu d'un groupe de grands dignitaires (c'était en 1833), un de mes plus aimés camarades de Prytanée, à cette heure ministre et confident du roi, titre relevé encore par une affabilité féminine, c'est tout dire : vous le savez, il y a de la femme dans tout ce qui plaît.

Nos relations n'étaient pas précisément intimes; les amitiés de collège subissent *in petto* l'influence des positions, mais elles témoignaient d'une cordialité dont la constance suffisait à mon cœur. Bref, n'ayant jamais escompté la haute faveur de mon illustre condisciple, je l'abordai aussi familièrement que je l'aurais fait jadis.

« Eh! comment te portes-*tu*?... lui criai-je.

— Très-bien, fit-il, et *vous*? »

Celui qui n'a pas entendu la foudre éclater sur sa tête ne pourra jamais se faire une juste idée de ma confusion et de ma douleur. Ne songeant plus qu'à mettre l'espace entre nous, je fuyais comme un insensé à travers les flots de têtes et de corps. Parvenu à l'extrémité du salon, je me retournai machinalement et j'aperçus les deux yeux du ministre braqués sur les miens ; ses yeux, doux et caressants comme des yeux de femme, suivaient tous mes mouvements avec un intérêt marqué. Bientôt, quittant son interlocuteur, il se dirigea vers moi, ce qui me décida à chercher un refuge dans un nouveau salon ; puis de celui-ci dans un autre, sans parvenir à rompre la chaîne invisible qui nous unissait. Enfin, accomplissant jusqu'au bout sa généreuse mission, le ministre, mettant autant de persistance à me suivre que j'en mettais à l'éviter, était sur le point de m'atteindre, quand, franchissant d'un seul bond l'escalier, je gagnai la cour du château.

Le grand air ayant un peu rafraîchi mes sens, je me retrouvai plus calme ; mais, pressentant que j'aurais un furieux compte à régler avec moi-même, pour avoir ainsi méconnu le cœur le plus noble de la création, je cherchais encore à entretenir l'exaspération de mon âme à l'aide des raisonnements les plus subtils et les plus faux. Enfin, rentré chez moi depuis près d'une demi-heure, je poursuivais le cours de mes réflexions, quand soudain la rue s'illumine. Un roulement de voiture se fait entendre et cesse tout à coup devant ma porte... C'était lui, c'était le ministre qui venait se justifier, ou plutôt évoquer tous mes remords... car déjà la réaction s'était accomplie... Ému, haletant, je descends à la hâte et, me précipitant dans ses bras, je devance toute explication par l'aveu de ma faute et reçois mon pardon. Puis, après avoir regagné ma chambre, car je vous abrège les détails d'une scène qui me remplit encore d'attendrissement et de confusion, je regardai ma pendule, elle marquait minuit moins un quart... Je regardai mes yeux dans la glace... ils étaient mouillés de larmes.

Le dicton du vieux forestier une fois de plus avait raison :

> Qui tue une chevrette pleine
> Avant minuit a de la peine.

Chasseurs, souvenez-vous-en et point ne vous exposez à
erser des larmes qui ne seraient pas toujours aussi douces.

Nous voilà bien loin de notre sujet. Que vous dirai-je? A
orce de décrire les mœurs des animaux, on en prend les ha-
itudes... on fait défaut comme eux... on donne le change,
ais, relancé à temps, on s'empresse de rentrer dans la bonne
oie.

Nous l'avons dit, le brocard et la chevrette se substituent
un à l'autre avec une touchante préméditation. Se livrant
aturellement le premier, le brocard essaie de se débarras-
er de la meute, mais, serré de près, il revient dans son canon, où sa compagne l'attend pour prendre sa place. Les
ieux praticiens le savent si bien qu'ils sont inquiets lors-
u'un défaut coïncide avec un retour. C'est au point qu'ils
'hésitent pas à recoupler une partie de leurs chiens pour
ieux se mettre en garde contre le change.

Ceux qui ne jugent pas à propos de prendre cette précaution
e tiennent néanmoins sur la réserve et, alors même que la
oie semble le mieux redressée, ils n'osent se prononcer et
ctionner leurs chiens avant d'avoir étudié toutes les parti-
ularités du relancé.

Il est rare qu'en cas de change une meute bien créancée ne
asse pas momentanément deux chasses. Le meilleur chien
este parfois seul de son côté, tandis que le reste de la meute
a de l'autre. Effet naturel, les mauvais chiens, auxquels il
st arrivé maintes fois de surprendre un chevreuil dans un
etour et de le porter bas, préféreront toujours la vue à la
oie; c'est une tentation contre laquelle ils ne peuvent se dé-
endre.

Ainsi s'expliquent les hauts faits cynégétiques dont les
hasseurs gardent le souvenir... ces chevreuils forcés sans
elais en moins de deux heures; lisez surpris, étranglés, et
ous serez dans le vrai.

Lorsqu'une meute est ainsi divisée d'opinion, on ne doit pas hésiter, méconnaissant l'autorité du nombre, à se prononcer en faveur du chien dans lequel on a le plus de confiance.

C'est parce que la chasse du chevreuil est féconde en incidents de cette nature qu'on ne saurait la pratiquer avec des chiens médiocres. Dès que les meilleurs peuvent encore se laisser égarer dans des changes, quel service peut-on attendre des mauvais? Règle générale : lorsque le change est à craindre, il faut briser partout où l'on revoit de la bête de meute; la dernière brisée est un jalon auquel on se reporte pour renouveler ses recherches à partir de ce point.

Un chevreuil, chassé de meute à mort (sans relais) par un bon équipage, peut présenter en moyenne une défense de six à sept heures; avec relais, sa résistance dépend du nombre des chiens, de leur vitesse et surtout de la température. Néanmoins le change est si difficile à garder que, sur trois chevreuils donnés aux chiens, il faut s'attendre, pour une cause ou pour une autre, à faire au moins une fois... buisson creux... tandis que, sur trois cerfs, j'en ai souvent vu prendre quatre; ce qui n'arrive que trop fréquemment lorsque le cerf s'accompagne.

J'en demande bien pardon aux amateurs de meutes nombreuses, mais il est de notoriété cynégétique qu'on est bien plus certain de tuer un chevreuil avec le seul concours d'un petit basset; il est rare que, se sentant mené aussi mollement, le chevreuil conserve longtemps son avance ou cherche à donner le change, à moins qu'il n'entende la voix stridente des chasseurs. Ce mode de chasse est le plus destructif de tous.

Par la même raison qu'on fait honneur à ses chiens de succès dus au hasard, on les rend souvent responsables de dé-

auts immérités. Jamais bûcheron ne s'est fait un cas de cons-
ience de voler un chevreuil à des chiens.

En pareil cas, je procède comme dans un défaut, j'accom-
lis avec ma meute des cercles autour de la vente, et maintes
ois il m'est arrivé de retrouver la trace du voleur qui, se
entant rapproché, abandonnait son fardeau. Finalement, on
ue deux fois plus de chevreuils qu'on n'en rapporte au logis.

Des bûcherons m'avaient volé un chevreuil, je n'en pouvais
outer, ayant entendu de loin mes chiens, non plus crier,
nais aboyer après les ravisseurs qui les éloignaient à coups
le manche de cognée. J'accours alors que tout était rentré
lans le calme, chacun ayant repris son ouvrage, moins celui
qui, comme d'usage, était allé mettre sa prise en sûreté.

L'air penaud de mes bons chiens, les taches de sang dont
ls étaient couverts, tout justifiait mes soupçons ; quand on a
té volé, on connaît la tactique des voleurs.

« Salut, messieurs les bûcherons, leur criai-je, en les abor-
lant… avez-vous vu passer mon lièvre ?… » notez qu'il s'agis-
ait d'un chevreuil.

— Non, me répondirent-ils.

— Encore un lièvre que mes gredins de chiens auront dé-
oré… C'est le deuxième de la journée. »

Parfaitement rassurés par cette introduction, nous voilà
ausant de bonne amitié. Je les questionne, je ris avec eux,
e me fais bon garçon, populaire… je flatte le peuple de la fo-
êt, comme j'avais vu flatter, dans une situation analogue,
e peuple des villes, pour lui faire restituer de bonne grâce
e pouvoir qu'on n'osait pas lui reprendre de vive force. Tous
es traquenards se tendent de la même manière. Bref, dis-je
aux bûcherons, je vais voir si je puis lancer un autre lièvre,
car j'en ai besoin pour traiter des amis… A propos, ajou-
tai-je, si vous connaissiez quelques braconniers, il y en a de

crânes dans le pays, dites-leur donc de m'apporter d'ici à deux jours une couple de lièvres ou un chevreuil; ils ne perdraient pas leur temps. Sur ce, je leur donnai mon adresse... Joigny, recette des finances (le mot finance fait toujours loucher le paysan), et je partis plein d'espérance dans le résultat de ma trame.

En effet, le lendemain le chevreuil m'était rapporté. C'était bien celui que j'avais raccourci assez maladroitement d'un coup de fusil dans le train de derrière, au lieu de l'arrêter sur place. Je remerciai donc le bûcheron et lui donnai une pièce de cinq francs.

« Cinq francs pour un chevreuil! fit-il d'un air étonné, c'est bien peu.

— Aussi n'est-ce pas le prix du chevreuil, répliquai-je, attendu qu'il m'appartient, mais bien la juste rétribution de la peine que vous avez prise de le rapporter jusque chez moi. Partie et revanche... nous sommes quittes. »

Le bûcheron comprit la chose et nous nous quittâmes, moi railleur, lui raillé, mais fort bons amis d'ailleurs. J'indique le procédé avec la manière de s'en servir.

Un officier du même régiment que moi, doué d'une force herculéenne, s'est montré encore plus habile. Attaqué sur la grande route, il a volé la montre du voleur qui, ne sachant plus à quel saint se vouer, cria : A la garde!...

J'aurais été curieux de voir cette affaire se dérouler devant les tribunaux.

Il est rare que, dans cette partie engagée entre les chasseurs et leurs spoliateurs, ces premiers gagnent l'enjeu. Un chevreuil, suivi par mes chiens, se jette dans la rivière de l'Yonne; des bateliers lui coupent les devants, s'en emparent à l'aide d'une corde et, bien entendu, refusent de me restituer mon bien, ma chose, mon meuble (style de palais). De là assignation, procès, ouverture de l'audience! Déjà les juges

étaient ébranlés en ma faveur, quand ma partie adverse fait
valoir qu'elle a affermé la pêche de l'Yonne et que le chevreuil
a été *pêché* en pleine rivière!... En voilà un poisson digne du
mois d'avril!... Je raille, mais je n'en ai pas moins été débouté
de ma plainte et condamné aux frais et dépens! Depuis lors
je mange du chevreuil les jours de pénitence pour charger
la conscience de mes juges.

Un de mes meilleurs amis, un type accompli, un royal chasseur du Havre, M. de Tournion, peut se vanter d'avoir été encore plus malheureux que moi, si c'est possible.

Sachant que des braconniers profitaient, pour détruire son
gibier, de l'instant où les cultivateurs quittaient les champs
vers le milieu du jour, il fit prier les gendarmes de venir sur-
veiller sa plaine : ceux-ci s'y rendirent en effet, le 24 août dernier, et ne tardèrent pas à mettre la main sur... le braconnier, pensez-vous?... erreur! sur M. de Tournion, qui, étant
venu sur les lieux pour prêter main-forte aux gendarmes, se
promenait en compagnie de ses chiens d'arrêt, qu'il faisait
quêter dans ses propres chaumes.

Vainement mon ami exhibe ses noms, prénoms et qualités,
sans omettre celle de propriétaire de la terre, du fonds et des
fruits; vainement il rappelle aux gendarmes que c'est à sa
seule requête qu'ils ont déféré en se rendant sur le théâtre
de ce singulier quiproquo... inutiles efforts. M. de Tournion
s'est vu condamner à 50 francs d'amende pour délit de chasse
en temps prohibé. Il s'est bien promis une autre fois de ne
plus appeler la force publique à son aide. On n'aime pas à
devenir de tondeur... tondu (1). Hélas! j'ai déjà eu l'occasion de le prouver : lorsqu'on tend pour loup, on prend un
chien; par la même raison, lorsqu'on tend pour braconnier,

(1) Il est bon de prévenir les chasseurs que cette jurisprudence semble préva-
loir depuis quelque temps, et que l'action de se promener dans ses propres terres
avec des chiens, en temps prohibé, constitue un délit de chasse.

il est rare qu'on ne fasse pas la capture d'un paisible et innocent chasseur.

Ne voulant rien vous laisser ignorer de ce que vous devez savoir, je ne vous dissimulerai pas que l'opinion des chasseurs varie étrangement à l'égard du chevreuil, non qu'ils contestent sa légèreté et sa vitesse, mais bien plutôt sa résistance à la fatigue. Selon plusieurs d'entre eux, un chevreuil, transporté dans une forêt dépeuplée de l'espèce et mis dans l'impossibilité de donner le change, ne tiendrait pas devant six bons chiens d'ordre l'espace d'une heure. C'est une opinion émise bien des fois et néanmoins restée sans solution.

La chasse à tir au chien courant comporte, cela va sans dire, les mêmes règles d'équité, de convenance et d'humanité que la chasse exceptionnellement à courre. Tous les chasseurs honnêtes réprouvent également les modes de chasse qui relèvent du braconnage.

Toutefois, ceux qui ne disposent que de quelques chiens et veulent néanmoins se donner les meilleures chances de succès, ceux-là, dis-je, ne découplent que deux chiens à la fois et tiennent les autres en réserve : c'est un *en cas* dont ils ne font usage que s'ils perdent la chasse.

J'en conviens, cette manière de morceler une meute et de faire plusieurs chasses successives ou simultanées n'est pas conforme aux règles de la vénerie, mais elle est productive et, si l'on a de bonnes raisons pour ne pas la pratiquer chez soi, il n'en est pas de même chez les autres.

Quand un chevreuil est réduit aux derniers abois, on s'en aperçoit aux allures déréglées du pauvre animal qui raccourcit ses randonnées, n'appuie plus que du talon, donne des os en terre, se méjuge et se relaisse à chaque pas. Utilisant dans un dernier effort le reste de ses forces, parfois il s'élance sur un tas de fagots dans le but de se dérober aux chiens; mais plus communément il se met sur le ventre à la suite d'un saut énorme et il attend la meute.

Le chevreuil s'achève de même que le cerf (1); mais d'ordinaire la besogne est faite par la meute qui se met en devoir de le dévorer sur place en attaquant, notez ceci, toujours de préférence le train de derrière. C'est un acompte sur la curée chaude ou froide.

Le chevreuil se tue parfaitement bien avec une charge de plomb n° 4, au déboulé, en battue, à l'affût ou devant les chiens. Je concède, rigoureusement parlant, tous les divers modes de destruction que vous pourrez imaginer à l'égard du brocard... Quant à la chevrette, respectez-la en toutes saisons et, à plus forte raison, depuis le premier janvier jusqu'à la fin de mai, époque où elle met bas.

La conservation des chevreuils réclame peu de soins : garantir les vieux des loups, les jeunes des renards... les nourrir durant les hivers rigoureux (2) et, si les limites du bois sont restreintes, ne pas abuser de la chasse *à cor et à cri :* le son de la trompe est antipathique aux chevreuils par l'effroi qu'il leur inspire; c'est à cette seule cause qu'il faut attribuer leur disparition de certaines parties de bois. En résumé, on ne doit user de la trompe qu'avec la plus grande circonspection à l'égard de tous les animaux, une seule note donnée mal à propos pouvant compromettre le succès d'un laisser-courre. C'est à ce point que les praticiens recommandent de ne pas

(1) Aussitôt qu'un brocard est tué, il faut lui couper les parties génitales pour préserver sa chair de toute odeur. Avis essentiel : lorsqu'un brocard n'est que blessé, il est prudent de se méfier de ses petits andouillers qui font parfois de grandes blessures.

(2) Faire porter sur des points donnés (clairières), deux fois par semaine, des gerbes d'avoine sans être battues, du foin ou des feuillages secs. Mêmes soins pour tous les grands animaux et le menu gibier. La neige remplace l'eau, mais lorsque toutes les mares sont gelées il faut avoir la précaution de casser la glace des plus profondes et des mieux situées.

répéter plus de deux fois un appel, à moins qu'on ne soit bien certain de n'avoir pas été entendu.

Quant au chevreuil, animal essentiellement timide, je le répète, le son de la trompe l'épouvante bien plus que les cris des chiens et la voix de l'homme; à ce titre, la battue est préférable au laisser-courre. J'aurais été bien aise de pouvoir enregistrer le contraire.

Lorsqu'un chevreuil est abattu, les chasseurs se réunissent et chacun, se faisant honneur de ses petites connaissances, dit son mot sur l'animal : c'est un cours d'histoire cynégétique à l'usage des commençants.

Un jour nous décidâmes qu'on ferait hommage du pied de la bête (1) à celui qui en jugerait le mieux; et, comme de juste, nous le décernâmes d'un commun accord au plus présomptueux et au plus ignare d'entre nous : l'un ne va jamais sans l'autre.

Le garde, que nous avions mis dans le secret, présenta à ce veneur privilégié un pied de... mouton! inutile d'ajouter qu'il en décora sa boutonnière!... nous l'avons surnommé le veneur à la poulette.

(1) On procède pour le chevreuil comme pour le cerf.

CHAPITRE VIII

LE SANGLIER

En fait de chasses j'affectionne plus particulièrement celles du lièvre et du sanglier, les deux extrêmes, l'une pour l'art et la science qu'elle met à même de déployer, l'autre pour les mâles émotions qu'elle provoque.

Il y a quelque chose de militant dans la poursuite de ce farouche animal. On s'éprouve soi, ses amis et ses chiens; de chasseur on devient le chassé, on court des dangers et l'on accomplit enfin, à la chasse comme à la guerre, des actions et des dévouements héroïques.

Ne pas prendre un pied de porc pour un pied de sanglier, c'est déjà quelque chose en vénerie. Le sanglier a toutes les habitudes du cochon domestique; il grogne et se vautre comme lui dans la fange; toutefois, il a les sens de l'ouïe, de l'odorat et de la vue infiniment mieux développés. Il recherche les plus grandes forêts; tout ce qui décèle la présence de l'homme l'éloigne. Sa nourriture la plus ordinaire consiste en céréales, racines, fruits et glands; il est même prouvé qu'il ne dédaigne pas plus que le porc, son cousin germain, la chair des autres animaux. Lapereaux, levrauts, jeunes faons de cerfs et de chevreuils, œufs de faisans et de perdrix, il fait curée de tout, en attendant qu'on fasse curée de lui : c'est la peine du talion.

A l'entrée de la nuit, il se met en course et va faire non plus ses viandis, mais ses mangeures, expression consacrée. Enfin, après s'être gorgé au détriment des cultivateurs, il rentre avant le jour dans le plus épais des buissons, où il établit sa bauge (1), jusqu'à la nuit suivante.

Selon son âge, le sanglier prend tour à tour les noms de marcassin, de bête rousse, de bête de compagnie, de ragot, de sanglier à son tiers an, de quartanier, de vieux et de grand vieux sanglier. Les femelles se distinguent en jeunes et vieilles laies.

Le marcassin vient au monde avec ce qu'on appelle *la livrée*, taches longitudinales, nuancées alternativement de fauve et de brun sur fond blanc. Au bout de six mois, son pelage devenant plus foncé, il prend le nom de *bête rousse;* à un an, il est réputé *bête de compagnie;* à deux ans, *ragot;* à trois ans, *sanglier à son tiers an; quartanier* à quatre ans; puis, au delà, *vieux* et *grand vieux sanglier*, jusqu'à vingt-cinq ans, durée de sa vie.

____

(1) Lieu sale et fangeux dans lequel il se repose et se vautre.

Beaucoup de chasseurs, entendant parler des affreux coups de boutoir portés par cet animal, en concluent que ce mot est synonyme de défenses. Le boutoir est le bout du nez (le grouin); mais il est assez fort pour enfoncer un nombre indéfini de côtes, à en juger par la facilité avec laquelle il fouille et retourne les terrains les plus rocailleux. Les fouillures tracées en zigzags, nommées boutis, indiquent déjà par leur profondeur la force et l'âge de la bête.

Après le boutoir viennent les *défenses*, dents de la mâchoire inférieure, grosses, longues, tranchantes, recourbées, que les sangliers aiguisent contre les deux dents correspondantes de la mâchoire supérieure, nommées *grais*.

La laie (1) n'ayant pas de défenses, mais de simples crochets, est beaucoup moins dangereuse; elle ne pourfend pas, mais elle mord, culbute et piétine. Attaquez ses marcassins et vous la verrez plus acharnée encore que le sanglier mâle, bien que ce dernier, je lui rends cette justice, ne méconnaisse pas toujours, comme on se plaît à le dire, la protection qu'il doit à sa progéniture. On a vu des sangliers défendre contre les hommes, les loups et les chiens, non-seulement leurs marcassins, mais les laies elles-mêmes; enfin prendre l'initiative du combat pour leur donner le temps de fuir. Les laies qui voyagent avec leurs marcassins s'accompagnent presque toujours d'un vieux sanglier pour les défendre.

C'est depuis trois jusqu'à cinq ans que ces animaux prennent le plus d'avance sur les chiens et sont le plus dangereux. Avec l'âge leurs défenses se recourbent et deviennent moins tranchantes. Les vieux sangliers, dits *solitaires* ou *mirés* (et même *contremirés*), sont autrement faciles à prendre que les tiers ans ou les quartaniers. Une fois pour toutes,

(1) La laie porte l'espace de quatre mois et fait ses marcassins dans le courant d'avril ou de mai. Ces derniers naissent avec toutes leurs dents.

méfiez-vous de ces derniers qui ensanglantent toujours l'arène.

Venons maintenant au point essentiel, la connaissance de l'âge et du sexe par le pied.

Le pied du sanglier se nomme *trace;* celle de devant est plus forte que celle de derrière; le mâle a les pinces larges, les côtes tranchantes, le talon carré; les gardes (ergots) laissent leur empreinte un peu en arrière du pied et indiquent, par la manière dont elles s'en approchent ou s'en éloignent, l'âge et la force de l'animal, jointé d'autant plus bas qu'il est plus vieux.

En marchant d'assurance, le mâle pose sa trace de derrière dans celle de devant, mais un peu en dehors (à droite), tandis que la laie la pose en dedans (à gauche). On dit d'un sanglier qu'il a le pied pigache, lorsqu'une de ses deux pinces est plus longue que l'autre. Tout sanglier qui a été chassé plusieurs fois se reconnaît à sa trace, remarquablement usée.

Une laie de la même portée qu'un sanglier a toujours la trace plus longue, les pinces plus pointues, le talon plus fort, les côtés plus tranchants que lui et, remarque plus concluante encore, elle laisse rarement l'empreinte de ses gardes (1).

Le jeune sanglier se distingue du vieux par l'ensemble de son pied, qui est remarquablement plus petit, moins tranchant, moins usé.

Le cochon domestique ne place pas, ainsi que le fait le sanglier, la trace de derrière dans celle de devant; il se méjuge tout à fait; ses pinces sont plus écartées, moins rondes, et c'est à peine s'il laisse l'empreinte de ses gardes; enfin il appuie du talon bien plus que de la pince. Chez le sanglier, c'est tout le contraire.

(1) Cela provient de ce que la laie est plus haut jointée que le sanglier mâle.

Déjà, à l'aide de ces simples renseignements, la modestie aidant, un chasseur serait en état de figurer avec honneur dans une partie de chasse et de soutenir une conversation. Combien de gens n'en savent pas davantage en politique… et politiquent néanmoins !

Il y a des cochons noirs comme des sangliers ; méfiez-vous. Hallali !… entendis-je crier. J'accours, et je trouve un chasseur dans une jubilation extrême ; il venait de faire un merveilleux coup double… sur deux innocents verrats, sortis de l'enclos d'un garde. On paye une semblable méprise à tant la livre, mais on ne s'en relève jamais : le nom de *Porquet* lui en est resté.

A propos de petits cochons jouant le rôle de sanglier, permettez-moi de vous entretenir de mes regrets. De même que chaque famille a ses armes généalogiques (cela ne coûte pas cher aujourd'hui ; pour cinquante écus on se fait improviser une kyrielle d'ancêtres avec armes et bagages), de même, dis-je, j'ai les miennes, celles de mes pères ; il est toujours prudent de s'exprimer ainsi. Or, ces armes étaient dans l'origine cinq petits cochons à la queue retroussée. Quelle chance pour un écrivassier cynégétique !… Cinq petits cochons dont il eût été si facile de faire des marcassins. Mais non, le destin jaloux en a décidé autrement ; un de mes devanciers, j'ignore pourquoi, ou plutôt je le devine, a jugé à propos de répudier de nos armes, plus ou moins parlantes, je vous prie de le croire, ces intéressants animaux qui, placés sur le frontispice de ma petite vénerie, en auraient fait la fortune.

On juge de la force et de l'âge du sanglier par ses *boutis*, ses *laissées*, sa *souille* (terrain fangeux dans lequel il se vautre), ses souillures (traces de boue attachées aux branches) et sa bauge.

Durant l'été, le sanglier se rapproche de la lisière des bois pour être plus à portée des céréales, dont il fait une effrayante consommation; en automne, préférant les glands à toute autre nourriture, il se retire dans les hautes futaies; en hiver, époque du rut, sans demeure fixe, il pourchasse les laies; enfin, dans toutes les saisons, il donne fréquemment aux mares. Cet animal est tellement échauffé qu'il ne manque jamais l'occasion de se souiller dans toutes les ornières pleines d'eau qu'il rencontre, bien que les chiens le chassent.

La chasse du sanglier (1) ressemble beaucoup à celle du cerf, moins le change, qui n'est pas à redouter, bien qu'il ne dédaigne pas plus que lui d'y avoir recours. Échauffé par la course, cet animal exhale une telle odeur de venaison que toute substitution serait impossible. Quant à ses ruses, elles n'ont aucune valeur. Facilement rapproché par les chiens et prenant rarement une grande avance sur eux, ce qu'il médite, c'est moins une lutte de ruse et de vitesse que de fond et de force : il s'arrête, écoute les chiens, semble se consulter et, ajournant sans doute sa vengeance à un moment plus opportun, il repart en faisant claquer ses dents d'une façon terrible.

Les veneurs dans toute l'acception du mot ne courent d'ordinaire que les vieux sangliers, et plus particulièrement encore les mâles (entre plusieurs animaux, on doit toujours attaquer de préférence le plus âgé). Dans ce but, ils entretiennent un équipage spécial que l'on nomme *vautrait*.

Le *vautre* était le nom d'une ancienne espèce de chien qui se *vautrait* dans la boue et la fange, comme le sanglier; de là l'expression de *vautrait*, employée pour désigner la meute affectée à la chasse de cet animal.

Les chiens qui chassent le renard, et à plus forte raison le

(1) N'oublions pas, une fois pour toutes, qu'en terme de vénerie on appelle sanglier toute bête mâle qui a quitté les compagnies : ce n'est en général que vers deux ans et demi que cet animal commence à faire bande à part.

loup, suivent avec ardeur la voie du sanglier (1); s'ils se rebutent, c'est plutôt par la difficulté qu'ils éprouvent à percer
dans les lieux fourrés et marécageux, où ces animaux établissent leur bauge, que par l'effet d'une antipathie naturelle;
néanmoins ils aiment à se sentir bien appuyés, à être en force,
autrement ils se modèrent d'eux-mêmes et chassent mollement, instinct naturel à tous les êtres qui ont pour mission
de poursuivre un ennemi plus fort qu'eux.

Qu'on emploie à la chasse du sanglier tous les chiens qui
en goûtent la voie avec délices, c'est bien vu; mais encore
faut-il que leur force physique et leurs facultés répondent au
rôle militant qu'ils doivent remplir. Réduire un sanglier qui
tient au ferme deux ou trois fois avant d'être porté bas est
une rude tâche. Les briquets de 54 à 56 centimètres de hauteur (18 à 20 pouces), chiens au poil rude, fauve, blanc, ou
nuancé de blanc (2); les griffons vendéens, opiniâtres, mais
lents, sont parfaitement appropriés à la chasse de cet animal. Il est vrai qu'il ne s'agit pas ici de le forcer conformément aux règles de la grande vénerie, mais de le tuer à coups
de fusil, fût-ce même aussitôt le lancé. On aime à gagner
une bataille sans perdre beaucoup de monde; or, l'expérience ne l'a que trop prouvé, chaque retour agressif du sanglier coûte aux chasseurs quelques-uns de leurs meilleurs
chiens.

Les professeurs recommandent de faire débuter les jeunes
meutes sur les bêtes de compagnie qui, privées de défenses,
ne portent que des coups de boutoir peu dangereux. Je m'excuse d'être d'un avis contraire, mais j'ai éprouvé à mes dé-

----

(1) Il ne faudrait pas en conclure que les chiens qui chassent le sanglier donnent
également bien sur le loup.

(2) A la chasse à courre et à tir, plus encore qu'à la chasse exceptionnellement à
courre, les chiens doivent être d'une couleur assez tranchée pour ne pas être confondus avec l'animal.

pens que ce début, donnant trop de hardiesse aux jeunes chiens, les exposait à se faire éventrer par les grands sangliers, qu'ils confondaient avec les bêtes rousses et les bêtes de compagnie.

On serait plus certain sans doute de triompher d'un sanglier qu'on aurait préalablement détourné (1); toutefois, cet animal ne faisant que de simples apparitions dans des bois de peu d'étendue, je ne saurais conseiller, en présence d'une telle éventualité, de faire les frais d'un limier dans toute l'acception du mot : chien vigoureux, entreprenant, habitué à ne quêter que le sanglier, à ne se rabattre que de lui; ce serait se montrer trop exigeant (2).

Heureusement il est des accommodements avec le ciel. Au lieu d'un limier proprement dit nous aurons ce que je serais tenté (excusez ce terme d'argot) d'appeler un *demi-limier*, si je ne craignais les railleries des veneurs.

Un demi-limier, c'est un chien sequestré de la meute, se laissant conduire par le trait; chien attentif, sage, à peu près silencieux, du moins tant qu'il porte la botte, et travaillant également bien en liberté (3); c'est un composé du limier et du chien d'équipage, mais réunissant naturellement à un degré moindre les perfections des deux. Ce chien, mis sur une voie, la suit lentement sous les yeux de son maître, qu'il pré-

(1) Le sanglier se rembuche de meilleure heure que tout autre animal. En brisant un sanglier il faut éviter qu'il n'ait vent du trait, de peur qu'il ne se dérobe. Les laies sont encore plus méfiantes : de là tant de déceptions en frappant aux brisées.

(2) Bien qu'il soit plus difficile de se procurer un bon limier pour loup que pour sanglier, les chiens éprouvent une telle difficulté à percer dans les lieux où les sangliers établissent leur bauge, qu'ils se rebutent aussi fréquemment à l'égard des uns que des autres.

(3) J'ai vu des limiers se montrer tout aussi discrets en liberté qu'en portant la botte; la plupart des louvetiers rembuchent leurs animaux sans faire usage du trait.

cède seulement de quelques pas, et le conduit à la bauge ou
à la souille.

Cette chasse, que le célèbre *Hartig* a décrite dans son
Traité, est très-destructive, surtout en compagnie de bons
tireurs postés autour de l'enceinte. En France nous nommons
cela routailler le sanglier. Le cri vlaau ou vloo! est accrédité
pour sanglier... celui de tayaut n'est employé que pour cerf,
daim ou chevreuil.

Alors que j'habitais la Bourgogne, c'est-à-dire la forêt
d'Hoste, car j'y passais ma vie, ma curiosité fut éveillée par
le récit des prouesses d'un garde des environs d'Auxerre qui,
voilà le merveilleux, avait tué quatorze sangliers dans son
hiver. Il possédait, disait-on, un de ces chiens dont je vous
ai donné le spécimen. Ne pouvant résister à la tentation de
faire connaissance avec ce chasseur émérite, je vais le trouver à vingt-cinq lieues de là et j'ai le plaisir, lisez la douleur
(l'homme est naturellement envieux), de m'entendre confirmer par le garde lui-même tout ce que la renommée avait
publié de lui, et surtout de son chien.

O rage!... dans ce chien phénoménal, valant à lui seul la
meute la plus justement recommandable, je reconnais un
élève dont je m'étais débarrassé, sous prétexte qu'il ne gar-
dait la voie d'aucun animal l'espace de plus d'une demi-
heure... les attaquant tous indistinctement, leur faisant vider
l'enceinte, mais rien de plus! juste le chien demandé!... chien
froid, prudent, quasi muet, un vrai type de demi-limier; une
perfection incomprise, rien que cela.

Blaze vous a raconté qu'il a vu troquer un cheval contre un
chien d'arrêt; pour celui dont il est question ici, j'ai vainement offert tout ce qu'une modeste aisance me permettait
d'offrir. Je l'avoue, si le garde possesseur d'un tel chien avait
encore été l'heureux père d'une jolie fille, je crois que pour

avoir la patte de l'un j'aurais demandé la main de l'autre :
bref, comme il n'avait pas de fille, je suis revenu sans chien
ni femme... ça se compense.

Tout sanglier prend sa course devant un seul chien, voire
de la plus petite espèce, jusqu'au moment où, irrité plus encore qu'effrayé, il se retourne et le charge pour lui ôter l'envie de le suivre, à moins qu'il ne soit d'une humeur toute dé-
bonnaire. Néanmoins, il ne faut pas, en l'absence même de
toute agression, conclure de ce fait qu'un seul chien, quelque
entreprenant qu'il soit, suffise à toutes les phases de la
chasse.

Selon nous une petite meute de huit à dix chiens est dans
d'excellentes conditions ; plus nombreuse, elle provoquerait
infailliblement le sanglier à prendre un grand parti ; moins
nombreuse, elle justifierait ses vélléités de résistance.

Je le déclare, cette opinion que je caresse est toute personnelle et, bien que je me sois prononcé d'une manière un peu
trop absolue à l'égard des relais (c'est là ma marotte), dans
leur application à la chasse à courre, à tir et à pied, je n'en
suis pas moins disposé à faire une exception en faveur du
sanglier et à admettre, à titre de meute de réserve, le concours d'un relais destiné à remplacer les chiens rebutés ou
mis hors de combat. Ce relais, complètement distrait de son
rôle, n'aurait pour mission que de suivre la chasse de loin.
Il est d'ailleurs impossible qu'une meute formée de jeunes et
de vieux chiens se maintienne toujours du même pied. Donc,
sans déroger à nos principes, on peut tenir les vieux à la
harde et les faire donner après une heure de chasse. Quant
aux veneurs qui procèdent régulièrement, ils savent que si
les relais pour cerfs doivent être établis par des endroits
clairs et élevés, ceux pour sangliers seraient mal placés partout ailleurs que dans des terrains bas, couverts, marécageux
et à portée des forts.

Ce n'est pas pour m'en faire un mérite, mais il est toujours embarrassant de choisir, en fait de principes, entre ceux qu'on admet et ceux qu'on rejette.

« J'aimerais mieux », me disait un spirituel penseur (Alphonse Karr, que j'ai tant de plaisir à citer), « me battre à la hache dans un tonneau que d'être chargé de faire quatre invitations dans une petite ville de deux mille âmes. » Je suis, à l'égard de la grande et de la petite vénerie, dans une situation aussi perplexe : c'est encore une manière de réclamer l'indulgence.

Le sanglier se fait quelquefois prier pour sortir de sa bauge ou de sa souille. On en a vu résister aux chiens et fournir ainsi une précieuse occasion de les tirer à coup sûr; mais plus communément ils vident l'enceinte au premier bruit. Aussi a-t-on soin, avant que les chiens ne rapprochent, de disséminer les tireurs dans la direction des grands buissons et des ronciers marécageux, fuites ordinaires de cet animal; chaque chasseur agissant ensuite, c'est-à-dire aussitôt le lancé, pour son propre compte, selon son ardeur et son entente de la chasse : le plus courageux et le plus entreprenant étant par cela même le plus habile.

Un sanglier chassé par de bons chiens ne ruse pas à moins qu'il ne soit sur ses fins; c'est alors seulement qu'il randonne dans le même canton. S'il charge la meute, les chasseurs, trop éloignés pour arriver à son secours, doivent faire le plus de bruit possible afin de le relancer; au besoin même ils ne devraient pas hésiter à tirer des coups de fusil en l'air.

Cet animal se rend parfaitement compte de ce qui se passe autour de lui. Par les cris des chiens il juge de leur nombre, pressent leur audace, leur force. Ceux qu'il redoute le plus sont les dogues et les lévriers. Lorsqu'on peut faire donner

à propos cette harde (1), qui fait partie des équipages prin-
ciers, elle évite bien des sinistres à la meute.

Il est rare que de bons chiens prennent le change; toutefois, si cet incident venait à se produire, ce ne serait le cas
ni de les rompre ni de requêter; un sanglier vaut l'autre, à
moins qu'il ne s'agisse de le réduire aux derniers abois à
force de chiens et sans faire usage des armes à feu. Or, pour
tenter les derniers abois d'un simple ragot, plus difficile à
forcer qu'un dix-cors, ce n'est pas trop de six à sept heures
de chasse, à moins qu'il ne soit raccourci d'un coup de fusil.

Quelquefois le sanglier prend, dans un dernier effort, une
avance considérable. Ne pensez pas que ce soit dans le but
d'échapper aux chiens; il ne se forlonge ainsi, manœuvre
autrement perfide, que pour se donner le temps de choisir
un champ de bataille favorable : terrain sale, défoncé, ron-
cier obscur, inaccessible aux hommes et aux chiens, semé
d'arbres abattus, de roches, dont il se fait un abri, car il a
aussi bien l'instinct de la défense que celui de l'attaque. Il
sait que les chiens, ne pouvant se frayer des chemins assez
larges pour l'attaquer tous à la fois, seront forcés de se succéder les uns aux autres, et qu'il en aura un meilleur marché; aussi ne manque-t-il jamais de tenir son fort dans un
terrain qui lui garantisse tous ces avantages.

Le sanglier a bonne mémoire; pour peu qu'il se soit débarrassé une seule fois des chiens en les chargeant, il les char-
gera toujours; si bien qu'il finira par ne plus vouloir même

(1) Cette harde dirigée sur le passage de la bête est destinée à donner dans un
à-vue. Elle arrête le sanglier, le coiffe, et les chasseurs l'achèvent. Coiffer un sanglier, c'est le saisir par les oreilles (écoutes, en style de vénerie). L'Algérie est en
possession d'une espèce de lévriers bâtards, auxquels la corruption de la race (je
la soupçonnerais plutôt un perfectionnement) a concédé quelques symptômes d'odorat. Les chasseurs arabes détruisent beaucoup de sangliers avec le concours de
ces chiens.

sortir de sa bauge et que les chasseurs seront forcés de prêter main-forte à leurs chiens dès l'attaque.

Vous me direz que je ne suis pas un Jules Gérard... J'en fais l'aveu. Jamais je n'ai entendu mes petits chiens crier à l'effroi sans éprouver une certaine émotion ; il est vrai que je me portais seul, en pleine forêt, au-devant d'un tiers-an, à l'œil sanglant, au poil hérissé, aux défenses aiguës. Je m'y portais, dis-je, et n'aurais voulu céder ma place à aucun autre. Mais déjà, prenant mes précautions en cas de retraite, je me coulais instinctivement à l'ombre des plus gros arbres. Le courage sans témoins est le courage après minuit, c'est le plus rare... puis, quand on a été quelque peu décousu, on devient prudent, surtout loin de tout secours (1). C'est dans

(1) Les chasseurs ne liront pas sans intérêt le palpitant récit d'une chasse au sanglier, publié dans les journaux. *Léon Viardot*, artiste éminent, chasseur d'élite, homme de cœur et d'esprit, révèle les dangers qui décorent cette noble chasse et aussi la manière de les braver.

A ce vieil ami de ma jeunesse, à ce spirituel, adroit et infatigable compagnon de chasse, il m'est doux de décerner, au nom des chasseurs, une mention honorable.

« J'ai été conduit, dit-il, par mes excellents hôtes dans un château des environs de Clamecy, chez des veneurs très-renommés du pays.

« Un gros sanglier, après quatre heures de chasse, fut tiré par un garde qui lui cassa une jambe de devant. L'animal fit encore cinq à six kilomètres, puis tout à coup, rendu furieux par la douleur, s'arrêta court et attendit les chiens. J'avais fait ce trajet d'une seule traite et presque toujours en courant, et j'étais arrivé, en suivant les chiens, un peu avant le piqueur qui était à cheval à l'un des bords de l'immense forêt où nous chassions. Là, nous nous désolions de ne plus entendre les chiens, qui avaient mis bas, quand tout à coup nous les vîmes sortir du bois et venir à nous tout honteux et sanglants. — Monsieur, me dit aussitôt le piqueur, voilà les chiens que le sanglier a chassés du fourré ; il est resté là, il est en fureur ; maintenant il ne fera plus un pas. — Bien, lui répondis-je, entrons-y vite et cherchons-le sans perdre une minute.

« Nous nous jetâmes dans le fourré, moi à pied, marchant un peu en avant, et lui resté sur son cheval et poussant de grands cris pour tâcher de rendre le courage à ses chiens qui se tenaient dans ses talons. Au bout de dix minutes de quête environ, dix minutes d'une émotion que je n'oublierai de ma vie, le piqueur m'appela pour me montrer la place où le sanglier avait livré bataille à la meute.

de telles occasions qu'il ne fait pas bon d'être accueilli par un double raté, dû à la perte de ses capsules ou à la présence de l'eau qui s'infiltre peu à peu entre le pas de vis des cheminées, si l'on n'a pas eu la précaution de les garantir à l'aide d'une épaisse couche de suif ou de graisse.

Un de mes amis, entendant parler de la fameuse graisse dite des Arsenaux, dont je suis non l'inventeur, mais le contrefacteur désintéressé, me pria de lui en envoyer un pot.

L'herbe était foulée, les buissons couchés à droite et à gauche et le tout teint de sang.

« Monsieur, me dit le piqueur, il n'est peut-être pas à vingt pas d'ici. Prenez garde! dès qu'il vous verra, il va se jeter sur vous. Au même instant, j'entendis à une trentaine de pas environ un grand bruit dans une cépée. C'était notre adversaire qui s'apprêtait à nous recevoir et choisissait son terrain. Je marchai droit au bruit, tandis que le piqueur, embarrassé par son cheval et par des chiens réfugiés autour de lui, me suivait avec peine à une quinzaine de mètres sur le côté. Au bout de quelques instants, en débouchant dans une petite clairière de peut-être vingt pieds de long, je me trouvai tout à coup face à face avec le sanglier.

« Me voir, lever en haut son boutoir et s'élancer sur moi fut l'affaire d'une seconde. Je n'eus que le temps de mettre en joue et de serrer le doigt. L'animal tomba et vint rouler littéralement à mes pieds. Je l'avais tiré à quatre pas et frappé d'une balle au front. — Sauvez-vous, me cria aussitôt le piqueur témoin de la scène, il va se relever et se jeter sur vous. Mais j'avais le doigt sur ma seconde détente et je demeurai immobile à un pas de cet affreux cadavre dont je contemplais les convulsions, au milieu des chiens qui n'osaient encore en approcher. Rejoints bientôt par un garde, nous ne pûmes à nous trois le charger sur le cheval du piqueur et il fallut nous faire aider par des gens accourus à notre bruit. C'était en un mot un magnifique sanglier de cinq ans, du poids d'au moins 250 livres et armé des plus belles défenses.

« Ce coup de fusil est le plus beau que j'aurai peut-être fait de ma vie, car, au dire de tous les chasseurs du pays, il est rare de tuer un sanglier dans une telle réunion de circonstances. Ces messieurs, bien experts en pareille matière, puisqu'il en a tant été tué devant leur équipage, m'ont dit que j'avais été imprudent d'aller presque seul dans le fourré à la rencontre d'un tel animal et que, si je l'avais manqué, j'étais perdu. Selon eux, j'aurais eu le même sort peut-être qu'un malheureux chasseur, il y a quelques années, devant le même équipage, et qui, ayant affaire aussi à un gros sanglier blessé et débarrassé des chiens, avait été non pas renversé et décousu, mais éventré, déchiqueté et mis en pièces, tellement qu'il avait fallu en ramasser les lambeaux pour en faire l'inhumation.

Léon Viardot. »

Les petits présents entretiennent l'amitié : — l'homme n'est pas ingrat pour si peu ; — bref, le pot de graisse était depuis longtemps parvenu à sa destination, quand je reçois un petit mot de rappel..., je m'en étonne...; on va aux informations et il reste prouvé que la cuisinière de mon ami s'est servie de ma graisse en guise de beurre et qu'elle la lui a fait manger (1).

Règle générale : mieux vaut, lorsqu'on est chargé avec persistance par un sanglier blessé, mettre ses jambes à son cou que la baïonnette au bout du fusil. Un bataillon en colonne ne résisterait pas à la force d'impulsion d'un tel animal : si le choc est réellement le produit de la masse par la vitesse, jamais choc n'aura été mieux justifié. Fuir en décrivant des cercles, tourner autour des arbres et, en dernier lieu, s'accrocher à une branche est le seul parti, honteux mais raisonnable, que je conseille de prendre.

J'oubliais de vous le dire : il y a sangliers et sangliers, comme il y a fagots et fagots. L'humeur de l'un est rarement l'humeur de l'autre. J'ai vu des sangliers qui se laissaient tuer sans aucun retour offensif, tandis que d'autres de la même bande, notez ceci, faisaient un véritable massacre de ma meute.

Les praticiens, vieux grognards de la chasse, reconnaissent à des signes infaillibles le caractère du sanglier. D'ordinaire celui qui se fait prier pour sortir de sa bauge..., qui donne de ses défenses contre les arbres..., qui souffle, grogne et fait claquer ses dents, celui-là, dis-je, n'annonce rien de bien édifiant. C'est le cas de veiller de près sur la meute et de s'ef-

---

(1) Composition : une partie de panne de mouton, deux parties de bonne huile d'olive. Cette graisse prévient également la rouille, ou la combat merveilleusement.

forcer de servir la bête avant qu'elle ne tienne au ferme (1).
Il est rare du reste qu'un sanglier se retourne contre les
chiens avant la première heure de chasse; sa fureur n'aug-
mente qu'avec la fatigue.

Fort heureusement ces accidents ne dégoûtent personne,
pas même les chasseurs qui en meurent. Les vieilles chroniques témoignent qu'ils reviennent chasser toutes les nuits.
Un chien décousu n'en est que plus acharné encore; de pas-
sable qu'il était il devient excellent; la curée fait tout oublier.
C'est naturel, mais encore faut-il qu'il reste assez de chiens
valides pour procéder dignement à cette formalité.

Un de nos plus intrépides chasseurs, et à la fois un de nos
plus courtois gentlemen, M. Olimpe Aguado, avec une grâce
qui n'appartient pas à lui seul, car elle est inhérente à sa famille, m'a fait hommage d'une paire de défenses, montées
avec un goût exquis. Ce souvenir cynégétique, sur lequel je
n'ose jeter les yeux sans émotion, lui rappelait la destruction de sa meute, opérée par un animal, véritable sanglier de
Calydon ; chiens de tête et de queue, tout y avait passé, et
cela dans l'espace d'un quart d'heure. De tels faits ennoblissent encore l'exercice de la chasse : le feu et le sang pu-
rifient tout.

Autre trophée plus héroïque encore, si c'est possible : Jules
Gérard, mon illustre ami, les hommes illustres sont les amis
de tout le monde, de même que les parents pauvres ne sont
les parents de personne; Jules Gérard, dis-je, m'a fait cadeau
d'un lingot de fer avec lequel il a tué deux lions; hochet digne
d'Hercule lui-même. Il y a de l'ingratitude à révéler aussi
immodestement les noms de ceux qui m'ont comblé avec tant

(1) Ne me parlez pas des sangliers à moitié apprivoisés qui vivent dans des
parcs... ce sont de vrais cochons pour le caractère.

de délicatesse... Qui donc ignore que l'ingratitude est le rè-glement de tout bienfait?

Reprenons le cours de notre récit. Cette inégalité d'humeur, observée chez les sangliers, résulte uniquement de leur alimentation. Dans les forêts de hautes futaies où domine l'essence de chêne la nature a créé des dépôts de vieux glands fermentés qui enivrent les animaux et les rendent farouches et agressifs. C'est au point que, renonçant à leur faire les honneurs d'un laisser-courre, on se voit réduit à en opérer la destruction en battue, tandis que, dans les forêts peuplées de frênes, d'ormes, de bouleaux et d'arbres verts, les sangliers, ne se nourrissant que de racines, sont de vrais porcs pour la douceur.

En Algérie, où il y a peu de chênes, les sangliers ne font pour ainsi dire jamais tête aux chiens; au besoin on les chasserait avec des bassets. Puis, comme pour donner un démenti à cette assertion, on a fait en Algérie la rencontre d'un lion éventré à côté d'un sanglier mort : un tel échantillon des prouesses de cet animal lui mérite une mention honorable.

Ne perdez pas de vue que les bassets ont fait tuer plus de sangliers que les chiens d'ordre n'en ont fait prendre. Il est d'ailleurs prouvé que les chiens de petite taille sont aussi courageux et entreprenants que les grands; j'ajouterai même que, présentant moins de prise aux atteintes des grands animaux, atteintes toujours dirigées de bas en haut, ils se tirent, le cas échéant, bien mieux d'affaire. Le courage d'ailleurs semble avoir été départi en compensation de l'infériorité des forces physiques. De là vient sans doute que tant d'hommes de petite taille ou d'une constitution frêle en sont éminemment pourvus : c'est consolant pour ceux qui n'ont de grand que le cœur.

Je venais de blesser un sanglier ; il me charge, je fuis (vous savez qu'il y a encore un certain courage à fuir ; celui qui a peur n'a plus de jambes) ; un seul de mes chiens vient à mon aide, c'était une petite chienne ; trop faible pour coiffer le sanglier, elle le saisit néanmoins par les écoutes et se laisse ainsi traîner sans lâcher prise. Je n'avais rien à la main qu'un tronçon de fusil déchargé et, malgré mes efforts, cette courageuse bête, qui méritait un sort meilleur, a été pour ainsi dire broyée contre un arbre... Hélas ! je l'ai pleurée et je la pleure encore en vous traçant ces lignes. On dit pourtant pleurer comme une bête...; cela prouve du moins que les bêtes sont sensibles.

Une de mes parentes, Madame de Saint-Edme, femme d'un esprit inimitable, ayant perdu, ainsi que moi, une petite chienne, s'écria dans sa douleur poétique :

> Ci-gît Cora,
> Qui fut fidèle
> A qui l'aima,
> Et n'aima qu'elle.

Les larmes des femmes produisent des perles.

Tous les jours de pareils traits passent inaperçus. Je lis dans un journal que trois loups pénétrèrent la nuit dans une ferme. L'enfant de la maison, jeune homme de quinze ans, entendant un bruit inaccoutumé, se lève, sort et se trouve en présence des animaux qui se jettent sur lui. A ses cris accourt sa petite chienne couchante : un combat inégal s'engage ; la pauvre bête défend son jeune maître, le couvre de son corps palpitant !... Enfin des secours arrivent et le journaliste qui relate cette scène nocturne s'empresse de rassurer ses lecteurs sur l'état du jeune homme ; quant à la pauvre chienne, il n'en dit pas le plus petit mot... J'ai écrit, au nom de la pudeur publique outragée, pour demander le bulletin de la santé de la noble bête qui m'intéresse peut-être plus encore.

On chasse le sanglier à l'affût, à la quête (en temps de neige) et en battue. Les meilleurs affûts sont à l'entrée ou à la sortie du bois en avant des champs. En été, il faut être rendu à son poste le soir sur les neuf heures, attendu que, dans cette saison, les sangliers ne quittent leur bauge que fort tard et le matin un peu avant la petite pointe du jour.

Dans les battues aux grands animaux on tient d'ordinaire un chien courant en laisse pour le découpler sur la voie de l'animal blessé, en ayant soin de commencer la quête au lieu même où il a été tiré. Il serait plus prudent encore, surtout lorsque l'animal jette des rougeurs profondes, de laisser s'écouler quelques instants pour lui donner le temps de s'affaiblir. Combien de blessures mortelles pour les animaux le sont devenues pour les chasseurs, faute d'avoir pris cette précaution! On chasse encore le sanglier en entourant la bauge ou le buisson dans lequel il s'est rembuché, à l'aide de forts panneaux en toile ou en filets que l'on fait garder par des hommes placés de distance en distance.

Une fois dans ma vie j'ai assisté à une de ces monstrueuses destructions opérées dans des toiles et, je l'avoue à ma gloire, je me suis senti tellement honteux du rôle qu'on me faisait jouer que j'ai eu l'honneur de revenir buisson creux.

Le roi de la chasse avait assassiné quatorze grands animaux!... de dessus un arbre où il s'était fait hisser. Les animaux ont fini, comme ils auraient dû commencer, par crever les toiles.

Le sanglier se tire à balle franche; le lingot et les balles mariées sont de détestables projectiles. Le moyen le plus certain d'opérer une mort instantanée, c'est de loger une balle dans la tête de l'animal ou de lui porter un coup de couteau de chasse (1) au défaut de l'épaule, dans la direction du cœur, en évitant toutefois de rencontrer l'*armure*, peau très-épaisse qui recouvre l'épaule.

Aussitôt que le sanglier est mort, bien mort (2) (tant de chasseurs ont été victimes de la mort apparente d'un animal qu'il est important de savoir que l'*allongement des pattes* est le signe le plus évident de la mort la plus complète), il faut s'empresser de lui couper les suites, pour préserver sa chair de l'odeur nauséabonde qu'elle ne manquerait pas de contracter et qui la corromprait en moins de quelques heures, notamment à l'époque du rut. Chateaubriand l'a dit : « Tout ce qui est chair se fane comme l'herbe. »

Je ne suis pas assez gourmand et j'ai trop peu d'autorité dans la science de la *gueule*, comme disait Montaigne, pour me permettre une dissertation culinaire. Hélas! je suis de l'école d'Addison, le célèbre écrivain anglais qui voyait la goutte, la fièvre et toutes les maladies en embuscade derrière chaque plat (je m'entends fort mal à suivre la piste du gibier cuit); toutefois, je vous recommanderai la hure, c'est le meilleur morceau de la bête. Savez-vous pourquoi?... Parce qu'il n'y entre pas la plus petite parcelle de sanglier.

(1) Après avoir porté le coup de couteau au sanglier, il faut avoir soin de se jeter en arrière, du côté opposé à celui où l'on frappe.

(2) Le sanglier est souvent frappé à mort sans que le tireur en ait connaissance; par la même raison on peut le croire mort quand il est encore plein de vie. Il ne faut s'en approcher qu'avec précaution. Cet animal courageux et résigné ne crie jamais sur le coup, à moins que les suites ne soient atteintes.

M. Hartig a indiqué, par la couleur du sang que perd cet animal, la nature et la gravité de sa blessure. Le sang qui s'échappe du poumon est d'un rouge orangé mêlé d'écume : la bête tousse et meurt promptement.

— Blessure au foie ou à la rate : sang d'un brun rouge jaillissant de tous côtés.

— Blessure au cœur : rouge foncé.

— Blessure au cou : beaucoup de sang, mais de couleur ordinaire.

— Blessure à la cuisse : peu de sang se répandant dans la trace même de la bête.

— Blessure de part en part : se répandant des deux côtés selon sa hauteur.

— Quand on trouve des lambeaux de poil et de peau mêlés au sang, c'est une preuve que l'animal n'a été qu'effleuré par le coup.

Je pourrais vous signaler, à plus de titres encore, une autre manière (renouvelée des Troyens) d'accommoder le sanglier.

On tirait des vastes entrailles d'un sanglier rôti un chevreuil dans lequel était un lièvre, qui contenait lui-même un lapin, et ainsi de suite jusqu'au plus petit des rossignols, lequel était présenté au roi du festin sur un plat d'argent.

J'en conclus que la chair du sanglier n'a jamais joui d'une grande faveur; celle du marcassin semblerait accuser plus de mérite. Je lis dans l'histoire d'Angleterre que Henri VIII éleva un cuisinier au rang de baronnet pour lui avoir servi un marcassin cuit à point. Avis aux cuisiniers.

Ces industriels ont plus d'occasions de passer à la postérité que nos meilleurs généraux. Perdez une bataille et trouvez une sauce, l'histoire vous absoudra : les côtelettes à la soubise ont fait oublier Rosbach !

La curée du sanglier se pratique, dans les petits équipages, à l'aide des dedans, du cœur, du foie, de la rate, le tout mélangé de pain et arrosé de sang. Quant à dépouiller et à dépecer un tel animal conformément aux règles de l'art, le dernier des bouchers en sait plus que le premier des piqueurs; il pourra vous l'enseigner. C'est en voyant opérer qu'on devient opérateur.

Tout chasseur prudent, habitué à chasser le sanglier, doit se précautionner d'une petite trousse de campagne, garnie de bandes (1), d'aiguilles, de soie rouge et de charpie, à l'usage des hommes et des chiens; car, hélas! il y a des chasseurs d'une étourderie phénoménale, pour ne pas dire plus. Je suis en droit de parler sur ce sujet délicat, ayant eu la mauvaise fortune de recevoir les éclaboussures de tous les maladroits de ma connaissance. La seule chose qui me mette

____

(1) En cas d'hémorragie, il faut faire une ligature au-dessus et au-dessous de la plaie.

hors de moi, c'est d'être forcé, en homme doué de quelque
savoir-vivre, d'accepter cette banale excuse passée en proverbe... : « Je ne l'ai pas fait exprès », excuse à l'aide de laquelle on peut impunément ruiner et tuer son homme dix fois
par heure.

A quelque chose malheur est bon. Si vous avez lu *le Chasseur rustique*, vous devez savoir que je suis collectionneur de
ma nature; à preuve que j'ai un cabinet garni d'armes de
toutes les époques, de canons de fusil crevés..., aussi de projectiles dont on ne saurait me contester la propriété, attendu
que je les ai retirés de mon pauvre corps, réduit à l'état d'écu-
moire. J'en ai de tous les numéros, depuis la cendrée jusqu'au
triple zéro. Quant au plomb, le zéro se relève victorieusement de son impuissance en fait de chiffre; il a une terrible
valeur! Aussi, quand on me consulte sur la grosseur d'un
projectile quelconque, balle ou menu plomb, partie intéres-
sée, je prêche toujours pour le plus petit. L'an dernier, un
de mes amis m'a roulé de ses deux coups. Je n'ai réclamé
que contre le second; en bonne conscience, il était de trop.

Je terminerai ce chapitre par le récit d'un épisode drama-
tique dont j'ai été, comme toujours, le triste témoin. J'appa-
rais, à l'heure dite, partout où il y a des coups à recevoir ou
des larmes à recueillir. J'aurais fait un excellent employé dans
l'administration des pompes funèbres. Exemple :

Apprenant pour ainsi dire à lire dans les bulletins de la
grande Armée qui célébraient notre gloire, j'en revendique
ma part; à seize ans j'endosse l'uniforme, précisément au
moment de la double entrée des *alliés* (singuliers alliés!) dans
notre capitale. En Espagne (1823) nous triomphons sur toute
la ligne : un seul petit détachement est battu..., c'est le mien.
Troupier de la garde en 1830, vous savez mon destin... Trois
fois depuis je prends les armes, toujours avec le même succès. Enfin, de guerre lasse, c'est le cas de le dire, je m'aperçois

heureusement à temps que je porte malheur à l'armée française et je prends mon congé définitif. Homme, je vous dirai mes infortunes dans un autre ouvrage...; chasseur, vous le voyez, je n'assiste qu'à des douleurs. Ce qui me console, c'est qu'un philosophe l'a dit : « Le malheur allonge la vie, le bonheur l'abrège. »

— « Germain, dit devant moi un noble veneur à son vieux piqueur, il faudra nous débarrasser de *Ramonaut*, ce chien n'est plus de pied avec la meute.

— Ce serait dommage, répond celui-ci, c'est un vaillant chien.

— N'importe.

— Si Monsieur y consentait, je le placerais chez un fermier de ma connaissance, ne fût-ce que pour lui sauver la vie, en échange de celle qu'il m'a rendue. Monsieur doit se souvenir de ce farouche sanglier qui a tué un homme, mis notre meute en déroute et m'a blessé moi-même dangereusement... C'est encore Ramonaut qui, revenant seul à la charge, l'a coiffé et, comme je le disais à monsieur, m'a sauvé la vie. Une larme brilla dans les yeux du vieux piqueur.

— Assez de sensiblerie comme cela, fit le maître, vous connaissez les usages de la maison; je ne veux pas que la race de mes chiens passe dans les mains des braconniers du pays... J'ai dit, faites tuer ce chien.

— Monsieur sera obéi... Et comme le piqueur se disposait à se retirer : — A propos, dit le maître, nous attaquerons à la brisée de Firmin, à l'heure ordinaire... donnez les ordres en conséquence. »

Germain salua respectueusement et sortit.

Cette scène m'avait vivement impressionné; je me sentais inquiet, soucieux; l'horizon m'apparaissait tout chargé de nuages menaçants. A l'heure convenue Germain conduisit au rendez-vous la meute qu'il laissa sous la surveillance d'un valet, puis on le vit s'enfoncer sous bois avec son chien de tête.

Que se passa-t-il? On l'ignore, mais, en pénétrant dans l'enceinte, on le trouva pendu à la même branche que son chien.

Le suicide de Vatel, tant célébré par l'histoire, est l'acte d'un fou bouffi d'orgueil!... celui de ce malheureux piqueur est la plus sublime exagération de tous les sentiments généreux qui ennoblissent le cœur de l'homme.

CHAPITRE IX

LE RENARD

Toutes les espèces ne peuvent pas se multiplier à la fois, la conservation des unes est la conséquence de la destruction des autres.

Dans les départements où l'omnipotence éclairée des préfets tolère en tout temps la chasse du renard, à l'aide des chiens et du fusil, les bois et les plaines sont abondamment pourvus de gibier; tandis que, dans les départements où l'interdiction a été prononcée, le gibier a diminué dans une proportion sensible.

Le renard, la plus infime des bêtes que l'on force, est le

dernier anneau de la chaîne qui unit le veneur, le chien et le
cheval ; en un mot il clôt le sport, ce noble plaisir de toutes
les arènes, si bien décrit par Eugène Chapus, le splendide historien des mœurs hippiques du grand monde.

Les animaux herbivores pouvant se procurer leur nourriture sans avoir besoin d'employer la force ou la ruse, ont une
intelligence bornée en comparaison de celle des carnassiers
dont la vie est une lutte qui réclame le concours de toutes les
facultés. Or, le renard, le plus faible de ceux de cette espèce,
doit, c'est une conséquence naturelle, avoir plus d'esprit que
les autres ; aussi sa finesse et sa fourberie sont-elles passées
en proverbe : on dit fin comme un renard. Peut-être serait-il
plus juste de dire fin comme un loup, attendu que le renard
se laisse parfaitement prendre au piège, tandis que le loup
se montre autrement habile à déjouer les embûches qu'on lui
tend. N'importe, la fable en a décidé ainsi, respectons les erreurs de la fable : tout mensonge répété ne devient-il pas
d'ailleurs une vérité?

Ce que nous connaissons du renard, son entente de la
chasse, son esprit d'association, sa prudence, sa discrétion
même, puisqu'il sait respecter la basse-cour du fermier son
voisin ; témoin le proverbe : « Jamais renard n'a chassé sur
son terrier » ; tout cela, dis-je, dénote une intelligence pri-
vilégiée (1). Reste seulement à savoir s'il a autant d'esprit
qu'on lui en prête. Certes, je le crois capable de ménager sur
un point, quitte à se rattraper sur un autre ; ses appétits pro-
digieux l'y obligent ; il lui faut par jour une pièce de venai-

(1) Justifiant l'intelligence du renard, Leverrier de la Conterie s'exprime ainsi :
« Quand cet animal se trouve incommodé des puces, il prend dans sa gueule gros
« comme les deux poings de mousse et va se mettre dans l'eau ; il s'y enfonce peu
« à peu, afin de leur donner le temps de gagner le poil sec, de sorte qu'en se plon-
« geant ainsi par degré, jusqu'au bout du nez, toutes les puces se retirent dans
« cette mousse, qu'il laisse tomber à l'eau pour aller ensuite se sécher au soleil. »

son, de gibier ou de volaille : jeunes faons, lièvres, lapins, faisans, perdrix, dindons, coqs et poules, tout est de bonne prise, y compris l'écrevisse, qu'il guette dans les ruisseaux. D'après cela faites votre calcul et, si vous n'avez pas de gibier, tenez pour certain que vous avez des renards.

Le renard est d'un excellent rapport. Un de mes amis, exploitant cette branche de commerce, dirige chaque année sur l'Angleterre deux ou trois cents de ces animaux, les renards anglais ne suffisant plus à la consommation.

Sans nos voisins nous n'aurions peut-être jamais rendu justice aux éminentes qualités de ce petit carnassier, de la famille des loups et des chiens, car jamais nous ne l'aurions mis à une aussi rude épreuve : c'est sur les belles pelouses de l'Angleterre, désert de verdure, qu'il faut le voir, alors qu'attaqué par un équipage de quatre-vingts à cent chiens, les premiers du monde, il fournit une course de plusieurs heures sur un terrain découvert et, par cela même, désavantageux. Aussi les veneurs anglais considèrent-ils le renard comme étant plus difficile à forcer que le cerf, et en cela je suis de leur avis (1).

Par malheur, la chasse du renard, commencée aux abords d'une garenne et terminée, partout ailleurs qu'en Angleterre (2), dans le plus prochain terrier, chasse décevante au suprême degré, n'accuse, dans un pays accidenté et couvert, ni art ni science. Comprenant que l'arome grossier qu'il exhale trahirait ses ruses les mieux ourdies, le renard ne se fait

(1) Pour forcer un renard dans les règles, il suffit d'un équipage de vingt-cinq à trente briquets, disposés en corps de meute et en relais. Louis XIII ne cessait de chasser le renard. Sa meute le suivait à la guerre. « Je m'amuse, disait-il, en même temps que je détruis une vilaine bête. »

(2) Pour mieux dépayser le renard, qui d'ailleurs ne pourrait rencontrer aucun terrier sur des prairies aussi uniformes, on le transporte d'ordinaire dans une caisse *ad hoc*. Ce renard, mis en liberté quelques heures avant l'attaque, est facilement rapproché par les chiens.

battre que pour la forme et de très-près. Quand il a fait quelques retours le dernier mot en est dit : à la rigueur on pourrait se passer de chiens. Je ne vous citerai pas l'exemple de mon ancien capitaine, celui qui sentait les cailles aussi bien qu'un nègre des Antilles sentirait un blanc (une telle délicatesse d'organe (1) serait superflue); nous sommes tous en état de suivre un renard à la piste les yeux fermés et, à plus forte raison, le plus mauvais chien connu en pourrait-il faire autant... Voilà notre meute qui s'engage sur la grande route, criai-je à mon compagnon de chasse..., ce doit être un lièvre. Nullement; c'était un renard privé que le conducteur d'une diligence emportait sous sa bâche. Nos chiens, criant à pleine gorge, sont entrés dans Paris à la suite de Lafitte et Caillard.

En bonne conscience, cet animal ne mérite pas qu'on lui fasse les honneurs d'un laisser-courre : ce n'est pas un fouet qu'il faut avoir à la main, mais un fusil, une pelle et une pioche.

Subissant l'influence du climat, il y a des renards de toutes les couleurs, depuis le noir jusqu'au blanc, y compris le bleu, le gris et le roux (2). Cet animal, doué d'une vue perçante, d'une ouïe très-fine et d'un odorat exquis, quoique forcé lui-même, n'en est pas moins de la race des forceurs, et chasse à voix comme le chien. Je ne soupçonne pas précisément les renards de se concerter ensemble pour chasser, mais de se rallier à la voix d'un confrère et de rameuter instinctivement ou de guetter au passage. Toutefois, ce n'est pas en poursuivant ainsi le gibier qu'il a le plus de chance de s'en rendre maître, c'est en le surprenant au gîte.

Un jour, ou plutôt une nuit, car il faisait un superbe clair

____

(1) On assure qu'il y a aux Antilles des nègres doués d'un odorat si subtil qu'ils distinguent, par l'odeur seule, si c'est un Européen ou un nègre qui a passé sur un chemin.

(2) Plus le renard est jeune, plus il paraît rouge...

de lune, j'entendis un renard qui chassait à voix et se dirigeait de mon côté. Blotti dans une cépée à proximité d'un carrefour, j'étais merveilleusement placé pour observer la scène. En effet, je vis passer un lièvre sur lequel s'élança, mais sans succès, un autre renard (que je n'avais pas aperçu), placé à l'affût sur son passage.

Cette manœuvre, conforme aux mœurs et coutumes de ces animaux, n'avait rien de bien extraordinaire. Mais survient le renard faisant l'office de la meute, qui s'élance sur son camarade et le rosse d'importance, sans doute pour le punir d'avoir manqué son coup; après quoi chacun retourne à son poste, l'un poursuivant, l'autre guettant, et la chasse continue comme si aucun incident n'en avait troublé le cours.

Le renard préfère les forêts de bois à feuilles aux forêts aménagées d'essences résineuses. Il se choisit des terriers à portée des plaines cultivées, des fermes et des villages. Finalement, au lieu de fuir le voisinage de l'homme, comme le loup, on pourrait croire qu'il le recherche.

Cet animal entre en rut au commencement de février; la femelle (renarde) porte neuf semaines et donne le jour à quatre ou six renardeaux, qui atteignent toute leur croissance en moins de deux ans et sont en état de se reproduire dès la fin de la première année.

Les renards vivent en parfaite intelligence avec les loups et les blaireaux; ils partagent même les terriers de ces derniers. Hartig prétend que cet animal est susceptible de contracter la rage, faisant observer toutefois que ses morsures ne communiquent pas aussi fréquemment que celles du chien cette terrible maladie.

La trace du renard n'ayant de ressemblance avec celle d'aucun autre animal et le change étant réputé impossible, il devient oiseux de s'étendre beaucoup sur ce sujet. Il a le pied sec, allongé, peu de talon et son pied de derrière est remarquablement plus petit que celui de devant. La seule particularité à enregistrer, c'est que le renard ne se méjuge pas.

La chasse proprement dite, exécutée à outrance, je dis à outrance, car la plupart des chasses au renard se terminent par la mort d'un lièvre; cette chasse, dis-je, exécutée sur terre ainsi que dans les terriers avec toute garantie de succès, comporte les accesssoires dont nous allons donner le détail :

— Deux couples de bons chiens courants, grands ou petits, au choix du chasseur;

— Une couple de petits chiens terriers, King's-Charles ou autres, tenus en laisse à l'écart;

— Une hache, pour élaguer l'abord des terriers et trancher les racines;

— Une pelle et une pioche;

— Deux tarières, l'une pointue, l'autre plate;

— Une paire de fortes tenailles.

Durant la nuit qui précède le jour de la chasse, on doit boucher tous les terriers dont on a eu connaissance, en éboulant la terre dans les gueules ou, ce qui atteint le même résultat, en piquant de petits bâtons dépouillés de leur écorce dans toutes les ouvertures.

Si le buisson dans lequel on se propose de quêter le renard est de peu d'étendue, il est probable qu'aussitôt le lancé il s'empressera de gagner le bois voisin en évitant, bien entendu, de s'engager à découvert. Il n'a qu'un seul but, celui de se réfugier sous terre. A cet effet, il visitera tous les terriers les uns après les autres, voire les plus éloignés; mais, partout devancé, il ne lui restera plus qu'un parti à prendre, celui de percer au loin, de gagner le bord d'un étang, de se relaisser dans les roseaux ou de se blottir sous une souche (1);

____

(1) Le renard, sur ses fins, se choisit une sorte de retraite qui, abritant son corps et ne laissant que son museau à découvert, force les chiens de l'attaquer en face.

mais, plus communément, il reviendra se faire battre durant plusieurs heures dans le même fort, à portée de ses terriers, qu'il visitera de nouveau, en passant et repassant partout où il aura déjà passé et fournissant ainsi aux chasseurs l'occasion de le tirer. Point de défauts ni de ruses dont les plus mauvais chiens ne fassent justice sans l'intervention des chasseurs ; bien que le renard, toujours au dire des vieux auteurs qui, selon moi, ont confondu la cause avec l'effet, essaie de rebuter les chiens (excusez l'excentricité de l'expression) en se vidant d'une façon toute malhonnête. Il serait plus juste de dire que la fiente du renard exhale une odeur très-désagréable aux hommes et aux chiens ; toutefois, je n'ai jamais vu ces derniers interrompre la chasse pour une telle cause (1).

Quant aux chasseurs, échelonnés dans la direction des grands terriers autour desquels gravite le renard, ils ont rarement l'occasion de mettre en relief leur expérience autrement que par le choix des postes, sorte de divination dont les bons chasseurs seuls ont le secret.

Combien de fois ai-je laissé échapper de belles occasions pour m'être placé à mauvais vent..., trop près des terriers... ou pour ne m'être pas assez préoccupé d'une branche dont le choc malencontreux décelait ma présence ou m'empêchait d'ajuster ! Éclairé désormais par le souvenir de mes fautes, je tiens compte de tout, voire du mouvement inaccoutumé des petits oiseaux, ennemis jurés du renard, qui signalent son approche en sautillant de branche en branche et faisant entendre un cri particulier. Vous le voyez, la chasse comprend toutes les questions d'histoire naturelle. Admettons pour un instant que vous remplaciez vos deux ou trois briquets de moyenne vitesse par un équipage de vingt-cinq chiens d'ordre ;

(1) La fiente du renard, mélangée de poil d'animaux, est très-reconnaissable.

soudain le théâtre de la chasse s'agrandit : au lieu de randonner dans la même enceinte, le renard prend soudainement un grand parti; profitant du plus petit temps d'arrêt, il débuche en plaine pour gagner un bois éloigné, où il ne tarde pas à se mettre en sûreté dans le plus prochain terrier.

Il est dangereux de s'engager à la suite d'un renard dans les falaises boisées qui bordent le rivage de la mer. J'ai vu une meute entière, entraînée par son ardeur, rouler dans le fond de l'abîme, tandis que le rusé compère regagnait, à l'aide d'une corniche aérienne, son terrier en toute sécurité. L'affectation que le renard semblait mettre à se laisser traîtreusement rapprocher par les chiens dans cet instant suprême pourrait faire croire à une certaine préméditation de sa part.

Il est toujours prudent d'admettre le cas où, nonobstant la prévoyance des chasseurs, le renard parviendrait encore à se terrer. Si cet incident se produisait à la suite d'une course prolongée, il est probable que, suffoqué par l'effet de la transpiration et le manque d'air, il ressortirait de son terrier après y avoir demeuré l'espace de quelques minutes. Beaucoup de chasseurs ont signalé cette particularité; toutefois, je serais disposé à ne l'admettre que comme exception et seulement en temps de pluie.

Le renard s'est terré, c'est le point essentiel. D'ordinaire les chasseurs, faute de s'être précautionnés d'outils propres à remuer profondément la terre, en sont réduits à essayer d'enfumer le renard à l'aide d'un morceau de drap soufré ou de bourrées enflammées dont ils ne parviennent pas toujours à diriger la fumée, nonobstant le soin avec lequel ils ont bouché toutes les gueules, moins celle exposée au vent. En présence de ces difficultés, mieux vaut encore procéder régulièrement et faire succéder une chasse à une autre.

Un terrier de renard, ancien terrier de lapin, est une ville aux cent portes. Chaque gueule communique à des galeries qui se croisent les unes avec les autres; c'est une espèce de place forte dont les réduits se nomment maire, accul et fusée.

Le maire est une cavité ovale, sorte de chambre de deux à trois pieds de diamètre dans laquelle les chiens. libres de tous leurs mouvements, pourraient avoir de l'avantage; aussi le renard s'empresse-t-il, aussitôt l'attaque, de se réfugier dans l'accul. Cette extrémité du terrier est précédée d'ordinaire d'une coulée étroite (fusée), où les chiens ne sauraient pénétrer qu'un à un.

Lorsque le terrier est situé sur un coteau, on introduit les chiens terriers par les gueules inférieures, afin d'acculer le renard vers les parties les plus élevées et diminuer ainsi la besogne. Sur un terrain plat ce serait sans importance; mais, dans l'une et l'autre hypothèse, les chasseurs, s'efforçant de seconder les chiens, doivent faire le plus de bruit possible; c'est en frappant à coups de gaule sur le terrier qu'on provoque le renard à se retrancher au plus tôt dans l'accul, théâtre de la scène que nous allons décrire.

Avant de découpler les chiens terriers, il faut avoir soin de recoupler les chiens de meute (1) pour les empêcher de gêner le travail en cherchant à s'introduire dans les gueules. Quant aux petits chiens terriers, ils sont naturellement ce qu'ils doivent être, savoir : des bassets de la plus minime espèce, chiens au poil long et rude, car il en est de plus délicats les uns que les autres et aussi de plus entreprenants. Règle générale, les plus estimés sont ceux qui peuvent rester plusieurs heures sous terre sans trop souffrir de la privation de l'air.

Lorsque les chiens ne donnent point de voix, il devient évi-

(1) Utilisant encore leur ardeur, on les attache à la harde en vue des terriers pour encourager et exciter par leurs cris les travailleurs.

dent que le terrier n'est pas habité; dans le cas contraire,
leurs aboiements témoignent de la présence de l'animal et indiquent suffisamment la direction de ses pas à travers le labyrinthe des galeries (1); puis quand les chiens, à force de re-
pousser le renard, crient au ferme longtemps de suite à la
même place ou s'engagent corps à corps avec lui, on ne peut
douter que renard et chiens ne soient parvenus à l'accul du
terrier. C'est le signal de l'ouverture de la tranchée que l'on
pratique en ayant le soin, pour n'en pas obstruer l'entrée, de
rejeter derrière soi la terre au fur et à mesure qu'elle se présente; piochant, bêchant sans discontinuer, mais avec d'autant plus de précaution qu'on se rapproche des chiens, dans
la crainte de les blesser ou de provoquer un éboulement à
l'intérieur.

Dès que l'ouverture le permet, on introduit la tarière plate
pour fermer toute retraite au renard et le séquestrer des
chiens, auxquels il pourrait faire de cruelles morsures. On a
vu des chiens et des renards se saisir gueule dans gueule
(c'est l'expression) et succomber tous les deux. Quand on a
le bonheur d'apercevoir le rusé compère, qui ne manque pas
de faire le mort pour prendre son temps et s'élancer par l'ouverture, il faut le saisir à l'aide des tenailles par la mâchoire
inférieure, si l'on veut le retirer vivant, ou par le cou, au
risque de l'étrangler (2), et cela en prenant pour soi-même
toutes les précautions possibles. Deyeux l'a dit :

> « Et ne t'expose pas, fût sa mort presque sûre,
> « A toucher un renard : terrible est sa morsure. »

(1) On doit préalablement boucher toutes les gueules du terrier, à l'exception
de celle qui a servi à introduire les chiens...; néanmoins on recouvre cette dernière d'une légère couche de branches pour faire obstacle à la sortie de l'animal,
sans gêner la circulation de l'air.

(2) Le renard s'achève à coups de bâton sur le derrière de la tête ou sur le nez
et se dépouille de même que le lièvre, avec cette différence qu'on fend la peau des

Tous les jours il arrive que, rencontrant un terrain pierreux ou obstrué par de grosses racines, on soit forcé de recommencer la tranchée, notamment lorsqu'elle a été ouverte dans une mauvaise direction ou trop loin dans l'accul... c'est un retard, mais rien de plus. Des chiens courageux occupent toujours assez le renard pour ne pas lui laisser le temps de se creuser une ouverture, ce qui arriverait immanquablement si l'on tentait de le déterrer sans leur concours. Cette manière de procéder n'est pas absolue, elle comporte toutes les modifications consacrées par l'usage selon les pays.

On détruit les renardeaux à l'affût en se postant à proximité des gueules les plus fréquentées, au moment où ils prennent leurs ébats au soleil vers midi : cette chasse ne se pratique avec succès que dans le mois de mai.

Parfois il arrive que le renardeau, ou le vieux renard, atteint d'un coup de feu, conserve encore assez de force pour se traîner dans son terrier : il faut avoir soin de revenir inspecter les gueules durant quelques jours de suite, attendu que tous les animaux blessés mortellement se rapprochent instinctivement de l'entrée de leur terrier pour respirer un air plus frais (1).

Mais tous les moyens de destruction en usage sont loin d'avoir l'efficacité d'un appât (2), avec lequel j'ai vu prendre

pattes de devant, depuis le pied jusqu'à la poitrine, et de derrière jusqu'au bout de la queue, en ayant soin que les oreilles, dont on coupe les cartilages, restent adhérentes à la peau.

(1) Le renard atteint mortellement mord sa blessure ou le bout de sa queue.

(2) Cette recette m'a été donnée par un excellent chasseur de la Normandie, M. Raoul Oursel. Indiquer un moyen aussi radical de détruire les renards, n'est-ce pas se créer un titre à la reconnaissance des chasseurs?

Recette pour prendre les renards.

Prenez un kilogramme de graisse de porc mâle (la meilleure, nommée panne, se trouve sous la peau dans la région du ventre), coupez-la par petits morceaux, faites-la fondre sur le feu dans une terrine neuve en faïence ou en terre vernie

dans la même semaine trente-trois renards : il faut toute la haine que je porte à cet animal, agent responsable de nos bredouilles passées, présentes et futures, pour ne pas craindre d'indiquer cette merveilleuse et déloyale recette.

La chair du renard est détestable; cependant les sauvages s'en délectent et quelques civilisés également. Quant aux chiens, s'ils dévorent parfois le renard, c'est par haine plus encore que par goût.

J'ai vu des veneurs chasser des renards apportés dans des

et, sans vous donner la peine de la passer, retirez seulement les résidus de la panne.

Ajoutez à la graisse, alors qu'elle est encore brûlante, deux onces de la seconde écorce de bois de morelle (*Solanum dulcamara*). Lorsque cette écorce est frite, vous la retirez et la remplacez par un oignon blanc coupé en tranches, un morceau de camphre de la grosseur d'une noix et la valeur de cinq petites cuillers à café d'iris de Florence.

Après avoir retiré (à l'aide d'une fourchette neuve en fer) l'oignon, que vous avez laissé cuire durant quelques minutes, vous faites frire dans la susdite graisse environ une livre (500 grammes) de mie de pain (au levain doux) coupée en petits morceaux carrés, gros comme le pouce. Lorsqu'ils ont pris la couleur dorée des petites croûtes qui décorent les épinards, vous les enduisez de miel, tandis qu'ils sont encore chauds; puis vous renfermez soigneusement ces croûtons dans un pot neuf de faïence bien couvert, pour éviter toute évaporation. Ainsi composé, cet appât peut conserver toute sa vertu l'espace de trois semaines.

Quant à la graisse, on la met en réserve pour servir à préparer de nouveaux croûtons et à entretenir les pièges.

D'ordinaire on ne procède à la destruction des renards que dans le mois de novembre, alors que les peaux peuvent s'utiliser. Le choix du jour, ou, pour mieux dire, de la température, est d'une grande importance. Le vent découvre les pièges; la pluie fait perdre aux croûtons leur odeur; la gelée, plus nuisible encore, durcit les ressorts et en retarde les mouvements. Il faut un temps tout exceptionnel : sans pluie, ni vent, ni gelée.

Le piège allemand, dit traquenard, est préférable à tous ceux du même genre. On le tend à environ 1,500 mètres des taillis fréquentés par les renards en choisissant de préférence un champ dans lequel on a récolté de l'avoine.

Tous les pièges s'amorcent à l'aide d'un appât quelconque; c'est précisément à cet usage que nous destinons les croûtons dont nous avons donné la composition. Mais, au lieu de les semer au hasard, on en dépose deux ou trois seulement dans la direction du piège, sur une couche de petite paille de froment (pellicule qui enveloppe le grain et dont la légèreté ne peut nuire au jeu des ressorts).

caisses jusqu'au bois. Ainsi dépaysés, ces animaux fournissent de tristes carrières. Cet effet est tout aussi sensible à l'égard des chiens : l'attaque et la défense ont besoin pour se produire dans toute leur plénitude d'une parfaite connaissance des lieux.

On a même remarqué que des races de chiens, originaires de certains pays, perdaient toutes leurs qualités quand elles étaient expatriées.

En résumé, la chasse du renard à courre et à tir, dépour-

Cette couche, de 50 à 60 centimètres de diamètre et de 12 à 18 centimètres d'épaisseur, selon la force du traquenard, doit conséquemment avoir la forme arrondie du piège qu'elle est destinée à masquer.

Le tendeur doit faire en sorte que les deux ou trois appâts servant d'amorces et placés à deux mètres de distance les uns des autres, dans la direction du piège qu'ils précèdent, ne diffèrent en rien de l'appât principal, afin d'engager le renard à y mordre avec plus de confiance.

Il visitera ses pièges plusieurs fois dans la soirée, ainsi que le matin dès la petite pointe du jour, afin de s'emparer des renards qui, à force de se débattre dans le piège, finiraient par recouvrer la liberté au prix d'un membre. On a vu de ces animaux se trancher eux-mêmes la patte prise, avec leurs dents, pour se dégager.

Traînée.

Il ne nous reste plus qu'à entretenir nos lecteurs de l'opération de la traînée, qui complète les dispositions préliminaires.

Elle se compose de vidanges (boyaux) de mouton, de bœuf ou de vache, qu'on a fait rancir durant deux ou trois jours. Ces vidanges, traînées au bout d'une perche par voies et par chemins, depuis les terriers jusqu'au piège, attirent d'autant mieux les renards qu'on a eu la précaution de déposer de cent pas en cent pas, sur de petits ronds en paille, semblables aux précédents, mais qui n'ont que 4 ou 5 centimètres de diamètre, des croûtons qui stimulent l'appétit des renards et les entraînent plus sûrement vers le piège. Ce sont des appâts volants.

En novembre on commence la traînée entre cinq ou six heures du soir. Cette opération doit être exécutée avec prudence et célérité. Il va sans dire que les mêmes vidanges peuvent servir plusieurs jours de suite, pour peu qu'on ait la précaution de les couvrir d'eau.

Règle générale : il faut éviter de toucher les engins ainsi que les pièges avec la main et, pour plus de sûreté encore, remplacer ses souliers par des sabots. Je ne dis rien de la manière matérielle de tendre les pièges : elle reste la même.

Cette recette a été expertisée avec le plus grand succès ; toutefois, elle exige les plus minutieuses précautions.

vue de haute science, est le triomphe des mauvais chiens et (qu'on me permette de le dire) des chasseurs médiocres.

A la suite d'une partie de chasse, couronnée par un excellent dîner, nous nous livrions, tout en dégustant le moka, à une dissertation culinaire. L'un préférait la chair du chevreuil... l'autre celle du faisan. Chacun émettait son opinion... Et le renardeau, s'écria à son tour l'amphitryon, vous n'en dites rien?... Une protestation unanime accueillit ces paroles. Manger du renard!... fi donc!... quelle horreur!... En ce moment parut le cuisinier.

— « Chef, lui dit le maître, veuillez donner à ces Messieurs le menu du dîner que vous leur avez servi.

— Côtelettes de renardeau... filets mignons de renardeau... vol-au-vent de renardeau... renardeau en papillote... quenelles sucrées de renardeau... etc., etc. » Bref, il fut prouvé que, durant ce dîner, nous n'avions mangé que du renardeau.

CHAPITRE X

LE BLAIREAU

Les naturalistes ont rangé le blaireau dans la famille des ours ; en effet, rien ne ressemble autant à un petit ours qu'un grand blaireau. A propos d'ours... j'ai le malheur, *moi aussi*, d'avoir le dessus des épaules tant soit peu velu : or, me trouvant à l'école de natation, je vois venir vers moi un habitué un peu trop réconforté de cervelas et de petits verres... : « Monsieur, me dit-il, en accentuant chacune de ses paroles d'une façon toute pittoresque, huit jours de plus dans le sein de madame votre mère, que je n'ai point l'honneur de connaître, elle faisait un ours ! » Tels sont mes titres à décrire les mœurs des animaux de cette famille.

Le pelage du blaireau est nuancé de brun et de gris ; son

poil est rude et soyeux à la fois; il a le corps allongé, les jambes remarquablement courtes, les dents aiguës, les ongles longs, blancs et tranchants.

Cet animal se cantonne rarement en pleine forêt, il creuse ses terriers (1) au bas des coteaux, dans les bois humides, de peu d'étendue et entourés de plaines cultivées. Il a les mœurs solitaires, sauvages et les appétits formidables.

On enfume le blaireau, on le relance sous terre; on le tue devant les chiens et à l'affût, mais jamais on n'a songé à le réduire en rase campagne : le plus petit basset serait une gazelle en comparaison de lui. Cette chasse se termine toujours par un combat, ce qui nécessite l'emploi de chiens en état de se défendre.

Le blaireau se nourrit de racines, de légumes, de fruits, d'insectes. S'il cause des dommages aux chasseurs et aux cultivateurs en ravageant les jardinages et surprenant faisans et lapereaux, dont il est très-friand, il compense ses rapines en les débarrassant d'une quantité prodigieuse de hannetons, de mulots, de lézards, de limaçons et de couleuvres, car il est à la fois carnassier et herbivore. En résumé, il fait plus de bien que de mal et, si sa dépouille et sa graisse n'étaient pas d'un aussi bon produit, on n'aurait aucune raison valable de le détruire, bien qu'un arrêté du 19 pluviôse an V, confirmé par un règlement du 1er germinal an XIII, le classe parmi les animaux nuisibles.

Le pied (d'autres disent la trace) du blaireau est reconnaissable : cet animal a l'allure courte, la sole large, les ongles très-longs. L'empreinte qu'il laisse sur la terre se rapproche bien plus de celle du chat que du renard.

Selon Dufouilloux la chasse du blaireau se pratiquait sous

(1) Plus fort que le renard, avec lequel il vit d'ailleurs en assez bonne intelligence, il s'empare de son terrier ou le partage avec lui; il n'est pas rare de les trouver tous les deux réunis dans le même terrier.

Charles IX avec un certain apparat; il est vrai que la description qu'il en donne, peu édifiante, sous le rapport de la chasse, a tous les caractères d'une galante orgie pastorale : c'est un cadre cynégétique, mais le tableau y manque.

On ne fait, pour ainsi dire, jamais la rencontre d'un blaireau. Rentré bien avant le lever de l'aurore, il ne quitte son terrier que fort tard dans la nuit, quand il le quitte toutefois, car, doué d'une abstinence à toute épreuve et pouvant à la rigueur, de même que l'ours, se nourrir de sa propre graisse (1) (à l'aide d'une poche placée auprès de l'anus), il reste impunément renfermé dans son terrier durant plusieurs jours. Aussi les chasseurs, ennuyés de le guetter à l'affût, préfèrent-ils l'attaquer dans son terrier.

Les chiens n'en ont pas aussi bon marché que du renard. Les galeries que cet animal se creuse sont plus savamment disposées. Au lieu de se retrancher de prime abord dans l'accul de son terrier, il se défend pied à pied, en rejetant la terre derrière lui et s'en servant pour boucher avec une rapidité incroyable toutes les issues. Enfin, pour peu que la demeure du blaireau communique à des rochers, il ne faudrait pas moins de la sape et de la mine pour s'en rendre maître.

Manière de chasser le blaireau

Vers minuit on fait boucher toutes les gueules du terrier, non aussi légèrement que s'il s'agissait d'un renard, mais à l'aide de matériaux solides, des pierres, de larges pièces de bois soutenues par des appuis, autrement le blaireau en aurait bientôt fait justice.

Dès la petite pointe du jour, le chasseur se met en quête

(1) L'ours, à force de lécher le dessous de ses pattes, en extrait une matière graisseuse qui lui permet de se séquestrer durant plusieurs jours sans trop souffrir de la faim : ne serait-ce pas par suite de cette similitude que le blaireau aurait été classé dans la famille des ours?

avec ses chiens dans les buissons à proximité du terrier, car
il est rare que le blaireau s'en écarte de plus d'un kilomètre,
et alors, à moins qu'il n'ait une très-grande avance, jugeant
inutile de se débarrasser des chiens par la fuite, il engage,
tout en se dirigeant vers son terrier, une lutte acharnée; enfin il fait si bien de ses ongles et de ses dents (1), que parfois il se débarrasse des chiens, dégage les abords du terrier
et y pénètre. Il faut toujours prévoir ce résultat, qui n'est
qu'une des phases de cette chasse, et se munir en conséquence de tous les accessoires indispensables pour fouiller
un terrier (*voir* le chapitre du Renard), en évitant autant que
possible de laisser les chiens terriers s'engager dans l'accul,
où le blaireau, combattant en désespéré, pourrait leur faire
un très-mauvais parti. Tout le succès de cette chasse consiste
à mettre le blaireau dans l'impossibilité de rentrer au terrier. Les chasseurs qui n'aiment pas à se donner la peine de
piocher un terrier préfèrent venir s'y mettre à l'affût, par un
beau clair de lune, depuis la fin du jour jusqu'à minuit : c'est
une œuvre de patience, je les en préviens. On a vu des blaireaux se séquestrer non plus durant un jour, mais durant
des semaines (2). Lorsqu'on connaît un ménage de blaireaux

(1) J'ai vu des blaireaux attaqués par des chiens se mettre sur le dos et tenir les
plus braves à distance. Les Allemands ont des limiers pour blaireaux : ce sont des
mâtins qu'ils dressent à cet usage. La quête de nuit ne convient pas à tous les
chiens.

(2) J'emprunte à la correspondance du *Journal des Chasseurs* un exemple qui dépasse tout ce qu'on a cité jusqu'à ce jour :

« Buffon pense que les blaireaux peuvent rester quelquefois *plusieurs jours* en-
fermés dans leur terrier sans prendre aucune nourriture ; je viens vous en citer un
qui y est resté casematé pendant *quarante-cinq jours bien enregistrés*. Il fut bloqué
sous un ponceau, *entre quatre murailles* (où les racines mêmes lui manquaient), le
18 février, et n'a été pris que le 4 avril au soir, après avoir rivalisé, jusque-là, de
ruse avec son garde. Au dire de ce dernier, un des bons piégeurs de la localité, il
aurait pu y rester encore quinze jours, car il ne manquait pas de vigueur et il pe-
sait encore, après cette longue captivité et cette abstinence, *neuf kilos*.

« Ce fait, assez curieux en lui-même, présente en outre quelque intérêt par suite

et qu'on soupçonne la femelle d'avoir mis bas, ce qui a lieu
dans le mois d'octobre, on serait encore plus certain du succès, en se plaçant à l'affût, près du terrier en plein jour, par
un beau soleil ; attendu que les petits, dès qu'ils commencent

du stratagème ingénieux employé par le garde, pour arriver à capturer son prisonnier.

« Après s'être assuré que l'animal qu'il avait détourné s'était réfugié sous un
ponceau dont l'une des issues était bouchée, il se hâta d'y tendre un piège de ses
meilleurs ; car vous savez que les blaireaux sont passablement rusés à cet égard-là.
Pendant un mois celui-ci ne se fit pas faute de venir chaque nuit se rouler sur le
piège, selon la coutume de l'espèce ; après l'avoir détendu, il rentrait chez lui.
Quand ces animaux ont connaissance de l'engin, comme les renards et les autres
carnivores, rien au monde ne les ferait sortir. Chaque jour le garde retendait son
piège. La persévérance était réciproque entre eux deux. Ce métier assurément
n'amusait ni l'un ni l'autre ; car, par la gelée et la neige, la tente des pièges n'est
pas facile, et il y avait à craindre pour le garde qu'après bien des efforts et des
peines, cette maudite bête ne lui échappât, ce qui eût fait beaucoup de mal à son
amour-propre de piégeur et diminué son *contrôle* d'une paire de pattes et d'un nez
de blaireau.

« Bref, voici ce qu'il imagina. Avec une planche de la largeur de la moitié de
l'entrée du ponceau, l'animal fut barricadé, de manière cependant à lui laisser un
passage au-dessus de la planche, et une batterie de cinq à six pièges fut tendue ex-
térieurement, afin qu'en sautant par-dessus l'obstacle qui le séparait des pièges, il
ne pût échapper. Cette prévision se réalisa ; le pauvre diable, auquel le temps devait durer, est venu, quelques jours encore avant de prendre un parti, flairer la
planche, faire des reconnaissances de la redoute, comme pour aviser, aussi de son
côté, à quelque moyen de salut ; mais il fallait bien en finir et, le 4 avril, après *six
semaines* de luttes contre la mort, il prit la résolution suprême de sauter par-dessus la fatale planche, et vint tomber en plein dans les pièges qu'il redoutait tant,
mais qu'il espérait ne plus rencontrer sur son passage. Cette machine de guerre
lui inspirait bien des craintes ; mais elle l'empêchait d'éventer l'odeur des pièges ;
ce qui lui donnait un peu de confiance pour tenter le grand coup.

« Au lieu d'un animal, il en sauta deux, d'abord le *mâle* et, après, la *femelle*,
dont le garde n'avait pas eu connaissance. Celle-ci avait plus souffert ; elle n'avait
plus que la peau collée aux os. Chose bizarre ! ils étaient remontés par-dessus la
planche pour se refourrer dans le trou d'où ils sortaient : mais ils comptaient sans
les chaînes des pièges. Vous voyez d'ici la figure du garde en venant le matin visiter les pièges et en constatant, par cette *double capture inattendue*, le succès de
sa machine infernale ? Il avait mérité de réussir, car j'ai été témoin qu'il s'est
donné du mal pour sortir de cette lutte avec les honneurs de la guerre. Il y a dans
ce fait trois choses à observer : le laps de temps pendant lequel les blaireaux ont
pu vivre de leur propre substance, leur persévérance à supporter la faim, et d'un

à marcher, viennent s'ébattre, comme les renardeaux, à l'entrée des gueules du terrier, vers midi (1).

Le blaireau est courageux, il fonce parfois sur les tireurs et leur fait aux jambes de cruelles morsures : celles qui proviennent des bêtes puantes sont toujours difficiles à guérir; sans compter que le blaireau est sujet à la rage, de même que le chien et le loup.

Il est rare de porter bas un blaireau d'un seul coup de feu, à moins de l'atteindre à la tête; l'épaisseur de son poil le recouvre partout ailleurs comme d'une cuirasse.

Je me rappelle avoir tiré mes deux coups, à moins de cinq pas de distance, sur un blaireau qui, nonobstant cette double décharge de plomb n° 1, et les coups de crosse que je lui assénais sur le dos, n'en est pas moins parvenu à déboucher son terrier et à s'y couler à ma barbe.

autre côté ce qu'un garde intelligent peut faire pour la destruction des animaux nuisibles.

« J'ai eu sous mes ordres, dans une autre forêt, un garde intrépide aussi pour faire la guerre aux blaireaux; il n'avait pas la patience de les attendre quarante-cinq jours à la gueule du terrier, une nuit lui suffisait. Lorsqu'il était sûr que l'animal était *terré*, il installait une chaise dans la fourche d'un arbre voisin, s'y asseyait tranquillement et restait là les yeux fixés sur le terrier jusqu'à *minuit, une heure du matin*, sans faire le moindre mouvement, par les temps les plus rigoureux. Il avait les jambes dans un sac garni de paille pour n'avoir pas les pieds gelés. Lorsque le blaireau sortait, du premier coup de fusil il était mort. Il faut viser juste; car si l'animal n'est pas tué roide, il a bien vite regagné le terrier et la faction devient sans résultat. Il en détruisait beaucoup de cette manière. Je crois cette chasse peu usitée par les *amateurs* pendant les mois de décembre et janvier; ce qu'elle a d'affreux, c'est l'immobilité et l'obligation d'être toujours en arrêt sur la gueule d'un terrier sans pouvoir même lire aux astres; car le blaireau, en sortant, fait une fugue et disparaît comme l'éclair, après toutefois avoir cherché le vent, en sortant seulement la tête, etc.

« RECOPÉ
« Garde général à Marly-le-Roi. »

(1) On prend le blaireau au même piège que le renard (traquenard), voire au collet; mais le procédé le plus sûr est encore de le chasser avec des bassets, après avoir pris la précaution de boucher son terrier. Le blaireau n'est pas un animal assez nuisible d'ailleurs pour lui enlever toute chance de salut.

Il suffit pourtant, dit-on, d'un seul coup de bâton sur le nez pour l'étendre sans vie : c'est vrai jusqu'à un certain point; néanmoins j'ai lieu de croire qu'on réussirait tout aussi bien en le frappant derrière la tête.

Si vous trouviez des portées de blaireaux, je vous engagerais à en donner avis à vos correspondants de Belgique, où, sous le nom de *taissons*, on les réserve pour les combats du cirque.

— « Ah! çà, me direz-vous, puisque cet animal est aussi inoffensif, pourquoi en opérer la destruction?

— Pourquoi?... Parce que sa peau, ayant le privilège de ne jamais muer et d'être bonne en toute saison, vaut quinze francs; juste le prix de celle d'un homme qui a séjourné sous l'eau (1)... » Il faut croire qu'elle s'y bonifie, autrement elle ne vaudrait rien. C'est humiliant!

(1) Pour un noyé la prime est de quinze francs.

Dessiné par V. Adam
Paris imprimé par J. Godard

CHAPITRE XI

LE LAPIN

Genre lièvre, mais plus noble ou, tout au moins, plus brave; aussi dit-on, et toujours en bonne part : « C'est un bon lapin ! »

Admirez l'intelligence de la nature; l'espèce la plus répandue est précisément celle dont on se fatigue le moins, sous le double point de vue de la chasse et de l'alimentation, exemple : essayez de vous nourrir de lièvre, de faisan ou de chevreuil durant seulement un mois, et vous ne pourrez surmonter votre dégoût, tandis que des familles entières, le lapin est comme vous savez le pain du garde, ne vivent que de la chair de ce petit quadrupède.

Originaire d'Afrique, d'où il nous est venu lors de la con-

quête de l'Espagne par les Arabes, le lapin est un emblème
de fécondité : chaque femelle fait par année cinq à six portées de huit à dix petits, qui eux-mêmes se reproduisent au
bout de six mois; or, si l'on ne parvenait pas à en détruire
une bonne partie, ce ne seraient plus les lapins qui manqueraient à la terre, mais la terre aux lapins. On a prouvé par
des calculs incontestables qu'il suffisait d'un mâle et d'une
seule femelle pour produire, en quatre ans, un million de lapins : peut-on s'étonner d'après cela que des villes aient été
renversées par ces petits animaux!

Plus on est faible, plus on a d'ennemis : à ce titre, le lapin
cumule, avec les siens propres, ceux de tous les autres animaux; mais, les dominant tous par le nombre, il finit par en
avoir raison; non qu'il soit personnellement hostile à aucun
d'eux, c'est une calomnie qu'on a cherché à propager et dont
je tiens à le justifier. C'est par sa mobilité incessante, je le
répète, qu'il parvient à éloigner le lièvre, de même qu'il
éloigne la perdrix, le faisan et jusqu'au fauve, amant passionné de la solitude, excusez l'aphorisme : le lapin est un
petit gibier qu'on ne possède qu'à l'exclusion de tout autre.

On le soupçonne encore, cet honnête lapin (le mâle s'entend), ma plume se refuserait volontiers à reproduire une
telle accusation, on le soupçonne, dis-je, de dévorer ses petits... quel ogre!... et cela parce que la femelle, dans le but
de préserver sa progéniture de la dent des grands et petits
égorgeurs, se creuse des rabouillères (1) hors de son terrier;
car on ne saurait produire un autre acte d'accusation; n'importe, le fait n'en est pas moins accrédité. Le mal, il est vrai,
n'a jamais eu besoin d'être prouvé autrement que par un *on
dit*. Je ne voudrais pas qu'on fît courir un pareil bruit sur
mon compte, certain qu'il y aurait des gens assez *hommes*
pour le croire.

(1) Faux terrier à une seule gueule, dans lequel la femelle dépose ses petits.

J'en conviens, le père lapin est égoïste, voluptueux et jaloux; mais la mère lapine a des mœurs déplorables, ce qui justifie, jusqu'à un certain point, leurs petites querelles de ménage.

Le glorieux, qui n'a pas même le choix de ses plaisirs, se figure qu'on ne chasse le lapin au chien courant que faute d'autre gibier : erreur! Ceux, et le nombre en est grand, qui aiment à brûler de la poudre, à faire un exercice modéré et surtout à ne pas revenir bredouille, ont une prédilection marquée pour cette adorable chasse, qu'on peut pratiquer jusqu'à quatre-vingt-dix ans, sans fatigue ni mécomptes, avec le seul concours d'une couple de petits bassets. Je dis des bassets (1), parce que leur lenteur comparative combat merveilleusement la vivacité intermittente des lapins; autrement, ne fût-ce que pour sauvegarder la vie du vieux chien d'équipage, je voudrais habituer le chasseur à lui concéder cette honorable retraite.

Est-il un spectacle plus touchant que celui que présentent deux vieillards, homme et chien, cheminant ensemble vers le bois voisin et associant jusqu'à leur dernière heure leur passion et leurs infirmités?

Ne me parlez pas de ces jeunes chiens bricoleurs, criards, rabâcheurs, qui, tombés à bout de voie par un excès d'ardeur, se mettent en quête d'un nouveau lapin, délaissé bientôt pour un autre; ils ne vaudront jamais le vieux chien sage, expérimenté, ne criant qu'à coup sûr, ne laissant jamais un lapin en arrière, se servant de lui-même, menant doucement, également, ne s'emportant pas dans un à-vue et buissonnant avec cette persistance éclairée que donnent l'expérience et

---

(1) Lorsqu'on ne dispose pas de beaucoup de chiens, le nombre impair est avantageux, en ce sens que si les chiens font deux chasses, il y a plus de chance pour que la fraction la plus minime se rallie à l'autre. Cette règle ne peut avoir d'effet, cela va sans dire, que sur un petit nombre de chiens; de un à cinq.

l'habitude du succès. Il se peut que le jeune chien fasse bondir plus de lapins que le vieux, mais bien certainement ce dernier en fera tuer un plus grand nombre.

Il ne faut pas se le dissimuler, la chasse du lapin est fatale aux jeunes chiens qu'on destine à la quête d'un autre animal, notamment à celle, beaucoup plus laborieuse, du lièvre; je pourrais même ajouter, sans crainte d'être démenti, qu'elle gâte également les hommes et les chiens par l'appât d'un succès facile et souvent de mauvais aloi.

En entrant en forêt, un de mes amis décharge ses deux coups sur un lièvre qui ne fut pris par les chiens qu'après quatre heures de chasse. Cet ami, j'allais oublier de vous le dire, tient une note exacte de toutes les pièces de gibier qu'il tue.

— « Qu'inscrivez-vous donc sur votre carnet? lui demandai-je au retour de la chasse.

— Parbleu, me répondit-il, j'inscris mon lièvre. »

Il se tue un grand nombre de lapins de cette manière.

N'allez pas croire pour cela que cette chasse ne comporte ni art ni science, vous commettriez une grave erreur : le parfait chasseur trouve encore, là comme ailleurs, l'occasion de déployer sa supériorité.

Il connaît les habitudes du lapin, ses heures de rentrée et de sortie, ses petites ruses inextricables de simplicité; il a l'instinct, le feu sacré, le coup d'œil, la spontanéité qui assurent le succès en toute chose. Immobile sur un point, voyez-le devancer les chiens sur un autre, ne marcher que lorsqu'ils donnent de la voix, afin de mieux dérober le bruit de ses pas; risquer vingt coups au juger et négliger d'en tirer un pareil nombre sur des lapins à découvert, mais trop près des gueules, parce qu'ils pourraient s'y traîner, y mourir et empoisonner le terrier. Cette petite pluie fine et pénétrante, qui vous chasse du bois, le chasse de la maison; il part comme vous rentrez ; peu lui importe que les chiens aient moins de nez, du moment que les lapins (effet providentiel de la pluie) préfèrent tenir le fort que de se terrer, notamment lorsqu'ils ont été échauffés par la course.

J'ai connu des gardes forestiers si experts et si conservateurs à la fois qu'ils évitaient à la chasse au chien courant de tirer sur les femelles ; ils jugeaient du sexe d'un lapin par la manière droite ou tortueuse dont il prenait sa course, et jamais je n'ai pu les surprendre en défaut.

C'est au concours de toutes ces observations, dont aucune ne reste stérile, que le parfait chasseur doit ses succès : il les doit à ses connaissances variées infinies, car il ne suffit pas de semer des lapins comme on sème des choux. L'emplacement d'une garenne (1), son exposition, le choix des arbres, des plantes, la destruction des animaux nuisibles, la multiplication des lapins proportionnée à l'étendue du bois, tout cela fait partie de la science de la chasse.

Le lapin est un appât qui attire forcément le renard et le braconnier, les deux éternels ennemis du chasseur. Je vous ai donné le moyen de vous défaire du premier ; quant au se-

(1) Un agronome distingué, M. Louis Ravageux, a donné sur ce sujet d'excellents renseignements. Laissons parler l'auteur :

« La garenne est entourée de murs, de fossés qui ne permettent pas aux lapins
« de s'écarter de leur habitation. Les fondations des murs doivent être assez pro-
« fondes pour empêcher les lapins de creuser et de passer sous la construction.
« Ces murs, hauts de neuf à dix pieds, doivent être garnis, au-dessous du chape-
« ron, d'une tablette saillante qui rompt le saut des renards.

« La garenne doit être établie sur un coteau exposé au midi ou au levant, dans
« une terre mêlée d'argile et de sable. Il faut répandre dans la garenne toutes les
« plantes odoriférantes, telles que le serpolet, le thym, la lavande ; on doit y mettre
« des graminées, des racines, des plantes légumineuses, lorsque son étendue ne
« fournit pas une nourriture naturelle assez abondante. Les lapins ont besoin
« d'ombre ; il est donc nécessaire de planter des arbres verts, des taillis épais ; il
« faut en ajouter d'autres qui poussent avec rapidité et dont la coupe puisse deve-
« nir une nourriture utile, que les lapins trouvent sur place. Choisissez de préfé-
« rence tous les arbres fruitiers, ainsi que les ormes, les acacias, les genévriers,
« les chênes, etc. »

cond, il n'existe aucune recette efficace. Les murs les plus élevés, les fossés les plus profonds ne l'arrêtent pas plus que les écriteaux sur lesquels la cruelle prévoyance a écrit... *pièges à loups*, ce qui veut dire en bon français... *pièges à hommes*.

— « Que redoutez-vous le plus? » demandai-je à l'un de ces industriels qui m'honorait de quelques égards, ce dont je lui savais gré, attendu qu'à tout prendre j'avais plus peur de lui qu'il n'avait peur de moi. Dans ce monde, quand on ne peut pas se faire aimer un peu, il faut se faire craindre beaucoup.

— « Nous autres braconniers, me répondit-il, car il en acceptait le titre sans sourciller, nous ne redoutons qu'une seule chose..., de passer pour tels. Tant que nous n'avons pas subi de condamnation, nous osons à peine grapiller, mais une fois atteints et convaincus, n'étant plus retenus par aucun scrupule, nous exploitons en grand. Voulez-vous préserver vos bois, s'empressa-t-il d'ajouter, ayez des vipères, le braconnier, mal chaussé, n'aime pas ces bêtes-là »; et il me montrait ses souliers béants de toutes parts.

C'est que, voyez-vous, le braconnage est un art aujourd'hui : les anciens pièges sont dépassés par les nouveaux, qui décèlent une intelligence et une réflexion peu ordinaires; il me suffira d'en citer un seul exemple entre mille, publié récemment en Angleterre.

« Le faisan mâle est aussi guerrier de sa nature que le coq :
« il se bat à outrance et ne cède jamais qu'au dernier soupir.
« Quand le braconnier s'est assuré des remises où le gibier
« se retire la nuit, il y conduit un bon coq faisan de bataille,
« qu'il arme d'éperons d'acier. Le braconnier se cache, le
« coq guerrier chante et appelle son ennemi au combat. Aus-
« sitôt le faisan lui répond et vient lui disputer la place.
« Quelles que soient sa valeur et sa force, il succombe en

« peu d'instants ; les éperons naturels sont des armes trop
« inégales pour lutter avec avantage contre les lances aiguës
« de son adversaire. Le pauvre faisan une fois égorgé, le coq
« chante sa victoire et, d'ordinaire, un second faisan se pré-
« sente et tombe à son tour, ainsi de suite ; le lendemain, à la
« pointe du jour, le braconnier vient ramasser ses victimes
« et le tour est joué. » On ne saurait en disconvenir, c'est un
mode de braconnage intelligent, mais il en est de plus héroïques encore.

Vos gardes croient avoir fait une bonne capture lorsqu'ils
ont saisi un malheureux journalier, nanti d'un lapin pris au
collet... Les innocents ! ils ignorent que le véritable braconnier, celui qui met de l'art dans la perpétration de sa coupable industrie, ne sort jamais du bois avec un lapin mort,
mais, en revanche, il en emporte vingt-cinq pleins de vie.
Aperçoit-il un garde..., loin de fuir, il va droit à sa rencontre,
et desserrant, sans changer de maintien, la boucle de son
sac à herbe, porté ostensiblement sur ses épaules, il ouvre
un passage aux lapins qui, en s'échappant, font disparaître
toute trace de délit. Les bourses en soie noire dont il fait
usage, bourses imperceptibles, sont cachées au fond de ses
souliers.

Jamais, au grand jamais... femme n'a été condamnée pour
délit de braconnage... Or, il est prouvé aujourd'hui que les
femmes s'en mêlent et excellent dans cet exercice. Je me plai-
gnais au maître d'hôtel chez lequel j'étais en pension de ne
jamais voir figurer la moindre pièce de gibier sur notre table :
« J'attends que la chasse soit fermée, me répondit-il, car alors
j'en aurai en abondance et à meilleur marché. La fermeture,
c'est l'ouverture pour les braconniers. »

La plupart du temps les gardes ne connaissent même pas
de nom les engins dont les braconniers se servent, à moins
qu'ils n'aient été braconniers eux-mêmes, à l'exemple d'un

certain Labruyère enfermé à Bicêtre en 1769, pour délit de braconnage, et devenu garde du comte de Clermont, prince du sang, en récompense de ses confessions publiées en un volume sous ce titre : *Ruses du braconnage.*

Dans cet ouvrage, écrit avec verve et originalité, l'auteur dévoile les secrets de son ancien métier. Selon lui, la destruction des lapins s'opère de tant de manières qu'il devient presque impossible d'en conjurer l'effet autrement que par une surveillance de tous les instants. L'emploi des bourses, des collets, des panneaux ne demande aucun apprentissage, le premier venu signalant son coup d'essai par un coup de maître ; toutefois, il n'hésite pas à concéder la palme du braconnage à ceux qui n'opèrent qu'à l'aide du bâton (perche de cinq à six pieds de long). Ces industriels, véritables hommes de proie, doués d'une vue perçante, découvrent à la distance de quinze pas un lapin au gîte dans une broussaille et l'assomment du premier coup. Il estime que, dans une garenne bien peuplée, on en peut tuer deux douzaines dans une matinée.

Quant aux tendeurs de collets, Labruyère les traite de mauvais comparses, ne connaissant pas leur métier, notamment à l'égard du lièvre, attendu que cet animal crie de manière à être entendu de fort loin dès qu'il se sent pris.

Il indique les pelures de pommes comme étant le meilleur des appâts propres à attirer les lièvres ainsi que les lapins, toutefois il garde fort heureusement le secret sur une certaine substance dont il suffirait d'asperger lesdites pelures pour empoisonner tous les lièvres et les lapins d'une forêt (1).

---

(1) Les braconniers pipent les lapins (toujours au dire de Labruyère) non en imitant leur cri, mais en reproduisant le bruit qu'ils font en frappant la terre de leurs pattes de derrière ; on assure que le même procédé est employé par le renard, animal éminemment imitateur. Je ne saurais témoigner de ce fait, mais je puis attester avoir entendu maintes fois (durant de longues nuits passées au gabion) des renards qui cherchaient à imiter les cris de mes canards (appelants) pour les attirer.

Il recommande de guetter les braconniers pour grands animaux le matin de très-bonne heure, attendu qu'ils font régulièrement trois affûts par jour : le premier en plein bois, le second à cinquante pas de la lisière et le troisième au bord de la plaine au soleil couchant, afin de surprendre les animaux alors qu'ils se rendent au gagnage.

Devenu par la suite, à titre de garde, la terreur des braconniers, la principale rubrique de Labruyère consistait à se procurer la mesure du pied de chaque homme suspect de sa commune et dont il connaissait ainsi les allées et venues dans les bois commis à sa garde; ce qui lui fit une réputation de sorcellerie dont il sut tirer un excellent parti.

Le braconnage a eu ses notabilités, auxquelles les grandes forêts de la couronne ont toujours servi de théâtre.

A l'une des chasses de Charles X, la conversation étant tombée sur un sieur Simon Larcher, du hameau de Noisy, le plus habile et à la fois le plus adroit braconnier au fusil du pays, le roi témoigna le désir d'expérimenter son adresse. Dans ce but il le fit conduire en sa présence et lui offrit de jouter contre le plus expert de ses gardes forestiers. Vingt-cinq louis devaient être le prix du vainqueur.

Il s'agissait de tirer à balle franche et au vol sur douze pigeons, à la distance de quinze pas.

Le garde en abattit neuf, mais Simon, en ayant tué dix, fut proclamé vainqueur.

Le succès de Simon et la munificence royale dont il fut l'objet ne modifièrent en rien ses goûts de braconnage; peu de jours après le glorieux épisode que je viens de mentionner, il périssait misérablement dans une rencontre de nuit avec les gardes de cette même forêt de Marly.

Vous le voyez, contre de tels ennemis il ne reste qu'une seule ressource, celle d'opposer ruse contre ruse; de fureter ses terriers pour habituer le lapin à vivre sous bois ; de planter des ronces, de masquer l'abord des gueules, d'arracher les collets, de construire des terriers *oubliettes* (voir *le Chasseur rustique*), et finalement de faire la part du braconnier comme on fait celle du diable.

Ancien permissionnaire d'un bois de l'État, et vous savez que tout chasseur se considère en pays conquis partout ailleurs que chez lui, j'éprouvais l'humiliation de ne pouvoir tuer un seul lapin dans toute ma journée, bien que les chemins, semés de repaires, accusassent à chaque pas la présence de ce petit quadrupède. Les gardes, c'était évident pour moi, cherchant moins à se prémunir contre les braconniers de profession que contre les permissionnaires, avaient l'indélicatesse de battre dès la petite pointe du jour toutes les enceintes pour faire rentrer les lapins dans les terriers.

Je crois vous avoir dit déjà quelque part que l'écrevisse remplace avantageusement le furet; mais ce que je ne vous ai pas dit, c'est que le procédé est plus infaillible encore quand il s'agit, non de prendre séance tenante des lapins dans des bourses, mais seulement de les faire déguerpir de leurs terriers, fonction dont l'écrevisse s'acquitte à merveille, dans un temps plus ou moins long, car elle ne brille pas par la rapidité de sa course.

Je me précautionnais donc, chaque fois que j'allais à la chasse, de deux douzaines d'écrevisses bien vivaces, que je disséminais entre les terriers les mieux fréquentés (1), et, m'éloignant à la hâte, pour laisser à mes auxiliaires le temps d'agir, je revenais au bout de quelques heures faire quêter mes chiens dans ces tailles providentielles où je ne manquais jamais de faire une ample moisson (2). C'était de bonne

_____

(1) Il faut boucher avec soin les gueules dans lesquelles on introduit les écrevisses, afin de les empêcher de ressortir du terrier par les mêmes gueules. L'écrevisse marchant à reculons, on ne doit pas négliger de la placer en sens inverse.

(2) Au bois il faut toujours se précautionner de quelques coups de gros plomb,

guerre : d'ailleurs, ainsi que l'a très-bien dit M. Philarète Chasles : « Tout le monde consent à tromper tout le monde... » Or, le gouvernement c'est tout le monde, en fait de gibier du moins.

La chasse aux lapins à l'aide de furets est connue des chasseurs, mais tous ne savent pas qu'il est des instants de la journée plus favorables les uns que les autres, et qu'on ne doit commencer cette chasse que deux ou trois heures après le lever du soleil, pour la terminer le même laps de temps avant son coucher, si l'on veut trouver les lapins dans leurs terriers. Il est toujours facile de provoquer leur retour, en lâchant quelques bassets dans le bois; mais on a remarqué que les lapins, rentrés sous une telle impression, ne ressortaient plus qu'à la dernière extrémité. Le basset à jambes torses semble avoir été créé *et vice versa* pour le lapin. Déjà le basset à jambes droites est trop léger pour donner le temps à ce petit quadrupède de se faire battre en véritable bête de meute, aussi n'a-t-il rien de plus à cœur que de fuir vers ses terriers, et toute musique cesse!... musique délicieuse qui fait espérer dans la seconde qui succède à la seconde la récompense d'une laborieuse journée.

Le lièvre court plus vite que le lapin, sans doute; toutefois, j'ai éprouvé que ce dernier fournit durant la distance de cent pas une course plus rapide encore que son antagoniste. Ce n'est pas sans raison qu'on a fait de tout temps au lapin l'application de cette expression imagée : « *Partir comme une balle.* » Il est vrai qu'il ne tarde pas à ralentir sa course, tandis que le lièvre, accélérant la sienne, déploie, au fur et à mesure qu'il s'entraîne, ses admirables facultés de vitesse et de résistance.

en prévision des rencontres que l'on peut faire. En chassant le lapin j'ai eu l'heureuse chance de tuer un loup et un sanglier, le ciel me devait ce dédommagement pour les nombreuses fois où je n'avais rien tué du tout : excusez le pléonasme.

Quel chasseur ne s'est pas un peu rendu compte de cet effet, en voyant son chien d'arrêt pousser un lièvre dans la plaine et le rapprocher au départ de telle sorte qu'il semble toujours sur le point de le happer, bien qu'il ne tarde pas à être distancé par lui?

Un industriel a indiqué la manière de se faire vingt mille livres de rente en élevant des lapins; je ne garantis pas l'exactitude du calcul, mais je sais qu'en Angleterre, notamment dans les provinces d'Yorkshire et de Norfolk, quelques garennes fermées, de la contenance de plusieurs centaines d'arpents, assurent à leurs heureux propriétaires des produits considérables. D'après les statistiques, il s'agirait de quelque chose comme de 300,000 lapins livrés annuellement à la consommation par garenne.

Qui croirait que, nonobstant les myriades de lapins répandus sur notre sol, nous sommes encore tributaires des étrangers pour 20,000,000 de peaux de lapins par an! Avis aux propriétaires : où il y a quelque chose à dire, il est rare qu'il n'y ait pas quelque chose à faire.

Faut-il qu'un intérêt sordide vienne compliquer encore une question déjà si palpitante!... la chasse ne fournit-elle donc pas assez de motifs de jalousie, de procès et de haine, sans compter les coups de fusil donnés ou reçus? Hélas! l'homme, étant la seule et unique cause de ses maux, serait en droit de s'attaquer en dommages-intérêts.

Pour un mauvais lapin deux chasseurs, étrangers l'un à l'autre, se prennent devant moi de querelle; faute d'armes plus courtoises, les voilà résolus à se battre au fusil : bref, celui que le sort a favorisé ajuste, tire..., et je vous le donne en cent..., je vous le donne en mille..., se sauve à toutes jambes à travers le bois. On ne l'a jamais revu.

Sans un dénoûment aussi grotesque, croyez bien que je

n'aurais pas fait mention de ce duel : les bons conseils ne
doivent s'appuyer que sur de bons exemples.

Si la chasse suscite des conflits, elle amène aussi d'ineffables réparations. Un de mes bons amis venait, à son grand
regret, d'être évincé pour la troisième fois de la députation :
on a peu de larmes pour ces sortes de douleurs... — « N'importe, lui dis-je, si tu veux suivre mes conseils, je m'engage
à assurer ta prochaine élection.

— Que faut-il pour cela?

— La moindre des choses : ne plus faire garder tes terres
que contre les braconniers et en laisser le libre accès, sans
aucune distinction, à tous les honnêtes chasseurs du pays;
jamais popularité n'aura été égale à la tienne. »

Ce qui fut dit fut fait, et il est resté en possession de l'emploi. Avis aux ambitieux d'honneurs communaux.

Le chasseur est l'être le plus sensible, le plus dévoué et le
plus reconnaissant que je connaisse... après le chien. Cet
aphorisme irrévérencieux ne vaut pas à beaucoup près celui
qu'un homme d'esprit (Commerson) a laissé tomber de sa
plume fine et déliée : « Une femme masquée est comme une
gibelotte; on ne sait pas si c'est du chat ou du lapin. »

CHAPITRE XII

LA LOUTRE

Voyez la pauvreté de notre langue, me disait un de mes amis : on écrit *caoutchouc* et l'on prononce *gomme élastique*. Je ne lui ferai pas une aussi mauvaise querelle à cette pauvre langue française, mais il est certain qu'elle manque d'expressions intermédiaires; aussi l'on dit du caïman et de la loutre qu'ils sont l'un et l'autre amphibies. Certes le caïman, passant sous l'eau les quatre-vingt-dix-neuf centièmes de sa vie, est dans les rigoureuses conditions du programme; mais la loutre, obligée de reparaître continuellement à la surface de l'eau pour respirer, ne devrait pas plus être déclarée amphibie que le rat d'eau.

Autrefois, dans les nombreuses familles, quand on avait

beaucoup d'enfants, on se débarrassait des garçons en les faisant entrer dans les ordres. A cet usage je dus donc d'avoir un grand-oncle chanoine.

— « Je ne viens pas vous demander à dîner, lui dis-je un certain vendredi que je passais par la ville de Saint-Lô qu'il habitait, je connais trop le rigorisme de votre piété.

— Reste toujours, me répondit-il; quand tu ferais pénitence durant un jour, où serait le mal? »

Je restai donc. — « Qu'est-ce que cela? m'écriai-je en voyant apparaître un râble de lièvre!

— De loutre!... distinguons, me dit mon oncle : la loutre a été déclarée maigre par mandement. »

Ceci est pour vous dire, car mon oncle le chanoine était un saint homme, que l'on peut sans pécher se permettre le petit rôti de loutre durant les jours de pénitence.

J'ai donc mangé une fois dans ma vie de ce loup de rivière, comme l'appelaient les anciens, et, sauf un goût assez prononcé de poisson, je ne lui ai rien trouvé de trop désagréable ; toutefois, j'en conviendrai, lorsqu'on croit manger du poisson, on aimerait tout autant que l'œil fût satisfait et que ce poisson eût des écailles au lieu de fourrure.

La loutre est de la grosseur du renardeau; elle se rapproche un peu du blaireau par sa conformation. Les casquettes de loutre sont trop connues pour qu'il soit nécessaire d'indiquer autrement la couleur du pelage de cet animal. La peau, particularité remarquable, ne s'imprègne point d'eau tant que la loutre est en vie.

Les pattes de cet animal sont très-courtes, aussi nage-t-il beaucoup mieux qu'il ne court : son pied est palmé, c'est-à-dire que les doigts se rejoignent; quant à son talon, on n'en distingue jamais l'empreinte; enfin l'ensemble de la voie de la loutre, quoique plus large que celle du renard, s'en rapproche un peu. Elle fait annuellement deux ou quatre petits, qu'elle dépose dans un terrier creusé sous les racines d'un saule baigné par les eaux.

La loutre vit de scarabées, d'écrevisses, d'insectes, de grenouilles, de rats d'eau ; mais le fond de sa nourriture consiste en poissons, dont elle fait une effrayante consommation. Elle a un peu du caractère de la fouine, de la martre et du putois et tue pour le plaisir de tuer. Lorsque vous voyez flotter des poissons morts à la surface de l'eau, tenez pour certain qu'ils ont reçu les atteintes de cet animal vorace ; si même quelques-uns de vos canards manquaient à l'appel, je vous engagerais à partager vos soupçons entre elle et le renard (1) : la loutre fait maigre, mais elle ne dédaigne pas le gras.

On prend la loutre au piège, on la tue à l'affût, mais on ne la chasse pour ainsi dire plus, comme on la chassait autrefois à force de chiens. Nos pères, plus grands chasseurs que nous, par l'excellente raison qu'ils vivaient continuellement à la campagne, n'auraient pas laissé échapper une seule occasion de se livrer à leur exercice favori ; aussi entretenaient-ils des meutes pour loutres. Le judicieux et savant de la Conterie nous a indiqué la manière dont ils s'y prenaient pour habituer leurs jeunes chiens courants à aller à l'eau. Laissons parler l'auteur :

« On laisse jeûner les chiens au point de s'apercevoir qu'ils
« ont une faim extrême : alors le valet qui a coutume de leur
« donner à manger prend le chaudron où est la soupe et les
« appelle à lui ; il va dans une mare ou abreuvoir, pose son
« chaudron à telle distance et profondeur d'eau que les petits
« chiens puissent l'aborder sans perdre pied. Combattus d'un
« côté par la faim qui les presse, de l'autre par la peur de

____

(1) On soupçonne également le brochet de s'attaquer aux canards, mais plus particulièrement aux jeunes ; il est bon de connaître tous ses ennemis.

« l'eau, ils font beaucoup de cérémonies avant de s'y mettre ;
« mais, comme on dit, la faim fait tout oser. Dès qu'ils y
« ont été une fois, la seconde ils hésitent un instant, mais la
« troisième ils courent au chaudron dans l'eau comme sur
« terre. »

Selon le grand maître, c'est ainsi qu'on les habitue peu à
peu à prendre tous leurs repas sur un petit théâtre bâti dans
l'eau (à l'aide de planches réunies ensemble), et sur lequel
ils ne peuvent aborder qu'à la nage. Je recommande le procédé à l'appréciation des chasseurs. Ce n'est ni par force ni
par rigueur qu'on apprend aux chiens à aller à l'eau. Toute
meute, je le sais, se précipite dans une rivière ou un étang à
la suite d'un cerf, sans aucune instruction préalable ; mais
autre chose est de quêter toute une matinée dans une eau
froide, sans autre stimulant qu'un bien fugitif espoir, ainsi
que cela a lieu à la chasse de la loutre, telle qu'on la pratique
dans les étangs et les petits cours d'eau.

Tous les chiens suivent avec ardeur la voie de la loutre ; la
grande difficulté est de rencontrer cette voie de bon temps.
La nuit de cet animal enveloppe les deux rives ; si l'on en revoit d'un côté, il y a à parier qu'il est de l'autre. Même raisonnement à l'égard de ses épreintes (fiente) et de sa trace.

Les chasseurs s'échelonnent avec leurs chiens des deux côtés à la fois du rivage, le long des berges : d'ordinaire on commence la quête en amont (en remontant vers la source), afin
de faciliter aux chiens la rencontre de la voie sous-marine
que le courant leur apporte.

Armés d'un fusil et d'une longue perche, ils explorent avec
soin toutes les sinuosités du rivage, sondant les trous formés par les racines des saules ; s'ils rencontrent la voie ter-
restre de la bête, ils la suivent jusqu'à sa rentrée dans l'eau,
car il faut s'attendre à de fréquentes interruptions. S'il est
un point du cours d'eau qui, par son peu de profondeur,

forme une espèce de gué, on doit y envoyer un tireur avant de commencer la quête; ce poste est le plus favorable que l'on puisse choisir.

La loutre, nageant entre deux eaux, peut sortir de sa retraite sans être aperçue par les chasseurs; mais il est rare que les chiens n'en aient pas connaissance; les plus ardents bondissent après elle dans l'eau, redoublent de cris et indiquent ainsi sa présence. Les chasseurs, le fusil en joue, le doigt sur la détente, guettent l'instant où la loutre, forcée de revenir à la surface pour respirer (elle ne peut rester complètement submergée plus de cinq minutes), démasque quelque partie de son corps; d'ordinaire elle ne risque que le bout du museau, durant l'espace d'une seconde; mais il ne faut pas plus de temps pour la mettre à mort.

L'essentiel est de ne pas la laisser en arrière, de la refouler peu à peu vers les bas-fonds, les gués, pour la forcer de se montrer à découvert ou entre deux eaux à portée de tir.

Si les chasseurs étaient assez heureux pour connaître sa retraite, ils devraient s'empresser de boucher, à l'aide d'une tarière plate ou d'une planche, l'ouverture inférieure de son trou, pour lui couper toute retraite sous-marine : il ne s'agirait plus alors que d'ouvrir une tranchée extérieure et de déterrer la loutre, en procédant comme pour le renard; mais avec plus de précautions encore, car les dents et les ongles de cette dangereuse bête sont aussi tranchants que le rasoir.

Fort heureusement pour les chasseurs, les loutres, auxquelles les pêcheurs font une guerre acharnée (1), sont assez rares pour ôter toute tentation de s'adonner exceptionnellement à une chasse aussi ingrate.

On tue la loutre à l'affût, par un beau clair de lune, en mettant à profit la funeste habitude que cet animal a contractée

____

(1) Les pêcheurs prennent les loutres dans des filets très-forts qu'ils tendent entre deux eaux.

de déposer ses épreintes sur la même pierre, en choisissant toujours de préférence la plus blanche.

Des sept ou huit cents loutres détruites annuellement en France, la majeure partie est prise aux pièges et aux filets.

Le plus difficile n'est donc pas de tuer la loutre, mais de l'arrêter sur place, car, pour peu qu'elle conserve un atome de vie, elle plonge et sa dépouille est perdue sans retour.

Le meilleur moyen de se défaire d'un ennemi est de s'en faire un ami. En vertu sans doute de cet axiome, les Chinois ont eu la bonne pensée d'apprivoiser la loutre et de l'habituer à chasser à leur profit (1).

(1) Les Chinois ont des meutes de loutres, de même que nous avons des meutes de chiens. Sans prendre ces exemples dans le Céleste-Empire, rappelons qu'un académicien de Stockholm a indiqué dans un mémoire le moyen de dresser la loutre à la pêche ; ce qui était fort usité autrefois en Suède.

CHAPITRE XIII

L'ÉCUREUIL

Une grande dame demandait pour son protégé une ambassade à cinq lieues de Paris. Je crois qu'il serait tout aussi naïf à un particulier peu aisé de chercher à se pourvoir d'une belle chasse à pareille distance d'une grande ville. Raison de plus pour ne pas négliger la chasse de l'écureuil que, dans certains pays de bois à essence résineuse, on peut pratiquer autour des habitations. Excusez cette expansion de mes souvenirs, mais, dans les landes qui séparent Bayonne de Bordeaux, faute de ne pas chasser l'écureuil, j'en aurais été réduit à ne rien chasser du tout.

L'écureuil est à la martre ce que le lièvre est au renard, ce

que le timide chevreuil est au loup : il faut de bons êtres
pour consoler des mauvais. Puis, ce que beaucoup de chasseurs ignorent, l'écureuil fait les frais d'une petite chasse
inusitée, peu décrite, mais récréative et intéressante au dernier point (1).

Cet animal est trop gracieux, voilà son seul défaut; la vue
de son pauvre petit corps saignant et palpitant évoque des
remords; on voudrait pouvoir lui rendre la vie, après la lui
avoir ôtée, pour goûter le plaisir sans doute de la lui ravir
encore. La profonde scélératesse de l'homme est proverbiale;
ses larmes ressemblent à celles du chat.

Qui ne connaît l'écureuil, sa gentillesse, ses tours, ses
voltes aériennes, ses poses féminines, son adresse à se servir
de ses petites pattes en guise de mains? Mais c'est en liberté
qu'il faut le voir, alors que, sautillant de branche en branche
jusqu'au faîte des arbres, il semble plutôt un oiseau qu'un
quadrupède.

L'écureuil affectionne les forêts d'arbres verts, bien qu'il
trouve également sa vie dans les autres. Ce petit animal, aux
mœurs douces, attachantes et fidèles, forme des ménages, se
construit des nids aériens recouverts d'une sorte de voûte,
qui lui servent à la fois de retraite et de magasin, et dans lesquels il se blottit à la façon de la marmotte durant les hivers
rigoureux.

On l'accuse, il fallait bien trouver un prétexte à la guerre
acharnée qu'on lui fait, on l'accuse, dis-je, de causer des dé-
gâts considérables aux fruits à pépins, boutons de fleurs, se-
mences forestières, etc., etc. : demi-vérités, demi-mensonges;
son grand crime est de fournir à la fois une chasse attrayante

(1) Un écrivain cynégétique, qui se distingue par une profonde expérience et un
style enchanteur, M. Armand Durantin, nous a donné d'excellents aperçus sur
cette chasse, que nous avons si rarement l'occasion de pratiquer (voir le *Journal
des chasseurs*, janvier 1854).

et un mets assez délicat, pour ceux qu'un goût prononcé de
résine ne rebute pas.

La trace de l'écureuil, qu'on ne saurait confondre avec
celle d'aucun autre animal, se distingue par l'écartement prononcé des doigts. Ses pieds sont placés de deux pas en deux
pas, alternativement à côté l'un de l'autre, et l'un derrière
l'autre.

L'automne est la saison la plus favorable à la chasse de
l'écureuil; les arbres dépouillés de leurs feuilles mettent à
découvert les coulées mystérieuses que ce petit animal sait
se ménager le long des branches, dont il juge avec un tact infaillible la force et la flexibilité. Connaissant par instinct la
tension de l'arc et ses effets propulseurs, il se balance pour
mieux s'élancer d'un arbre à un autre, car la scène se passe
entre ciel et terre.

Manière de chasser l'écureuil

Deux chiens courants ou d'arrêt (les uns et les autres se
valent) suffisent à tous les chasseurs, quelque nombreux
qu'ils soient, l'essentiel est d'éviter de faire plusieurs chasses.

L'écureuil, exhalant comme on le sait une odeur très-forte,
est aisément rapproché par les chiens, dont tout le travail
consiste à suivre les rares voies que cet animal a pu laisser
sur la terre et à conduire les chasseurs au pied de l'arbre qui
le recèle, si déjà il n'est pas passé dans un autre.

Cette chasse fait la désolation des chiens; dressés contre
le tronc de l'arbre, sur lequel l'écureuil s'est élancé, ils
semblent invoquer l'assistance des chasseurs, qui se rallient
à leur voix et cherchent à découvrir le fugitif, tandis que
d'autres, échelonnés dans différentes directions, inspectent
les arbres voisins. Tous, le nez en l'air, le fusil en joue, s'aver-
tissent, s'appellent, fusillent, manquent et remanquent, car,

plus prompt qu'un oiseau, l'écureuil, franchissant d'un seul saut une distance de quatre mètres et se servant merveilleusement des branches comme d'un rempart, non-seulement défie les coups des chasseurs, mais trouve encore le moyen de leur échapper en gagnant de proche en proche, et d'arbre en arbre, les parties les plus reculées de la forêt.

S'il succombe ce pauvre animal (1), si un plomb meurtrier l'atteint, il semble du moins vouloir frustrer son bourreau de sa dépouille : son corps, léger comme la brise, reste quelques instants suspendu au pétale d'une fleur ; puis, comme la fleur elle-même, il flotte dans l'air et tombe lentement : hélas ! cette chasse est la cruelle récréation d'un plaisir cruel, comme tous les plaisirs de l'homme.

(1) Courant fort mal, l'écureuil séjourne peu sur terre, où il serait impuissant à se défendre contre ses ennemis, au nombre desquels figurent tous les petits égorgeurs, tels que la martre, la fouine, le putois et la belette, jusqu'au rat qui lui dévore ses petits. Passionné pour les fruits à noyau, l'amande de l'abricot et celle de la pêche sont un poison mortel pour l'écureuil.

CHAPITRE XIV .

LA VÉNERIE EN MINIATURE

LA MARTRE, LA FOUINE, LE PUTOIS ET LA BELETTE

Cette fois ce n'est plus dans les bois, rouillés par le vent d'automne, que je vais égarer vos loisirs ; modeste en son théâtre, la chasse se passe dans l'intérieur des fermes.

Beaucoup de chasseurs, citadins et autres, ignorent, j'en suis certain, tout le plaisir qu'ils pourraient se procurer en fouillant avec de bons petits chiens terriers leurs granges et leurs greniers ; ils ignorent plus encore peut-être la distinction élémentaire qui existe entre la martre (1), la fouine et le

(1) La martre est de la grosseur d'un chat parvenu à la moitié de sa taille. Le fond de son pelage est brun lustré ; sa gorge est marquée d'une tache jaune clair ; le bout de son museau ainsi que l'extrémité de sa queue sont d'un brun plus foncé encore que le reste de son corps. La martre court mal, mais en revanche elle grimpe avec une merveilleuse facilité sur les arbres.

putois, petits mammifères (mammifères digitigrades, selon la classification de Cuvier), également coupables des mêmes déprédations sans doute, mais différant moins encore par la cruauté que par la force, ainsi que par certaine variété de pelage.

Le lecteur a compris qu'il ne pouvait être question dans cet exposé de la martre du Nord (1) (zibeline), autrement digne encore de figurer dans les archives de nos chasses, si l'action cynégétique ne disparaissait sous les drames palpitants que recouvrent les neiges de la Sibérie. Hélas! les riches ne sauront jamais ce que leur luxe coûte de larmes aux pauvres exilés.

La martre commune, fort heureusement, n'évoque pas d'aussi douloureux souvenirs; mais, devenue très-rare en France depuis le défrichement des grandes forêts, elle semble destinée à passer à l'état d'animal fossile; ce qui n'empêche

Ce petit animal, d'une férocité sans pareille et d'une force relative incroyable (ce qu'on attribue à la grosseur de son cou égale à celle de son corps), est heureusement fort rare dans nos climats tempérés, et ne vit pas, disent les naturalistes, dans les pays chauds. Sa fourrure, estimée deux fois la valeur de celle d'un renard, intéresse à double titre à sa destruction. Sa trace a beaucoup de rapports avec celle d'un petit lièvre.

La martre proprement dite, ne vivant qu'en pleine forêt, ne se recèle jamais dans les granges des fermes, mais attendu, dis-je, que les naturalistes classent parmi les martres tous les sous-genres de la même famille, tels que la fouine et le putois, les cultivateurs sont excusables d'en faire la confusion.

Cet animal, ne faisant que sauter et posant ses deux pieds à la fois, laisse une empreinte toute particulière, qu'on pourrait prendre pour celle d'un animal beaucoup plus fort que lui.

(1) Elle ressemble beaucoup à la martre commune, quant aux formes et aux mœurs, mais elle en diffère par la couleur et la finesse de sa fourrure. On ne la trouve que dans les régions les plus glacées. Ce sont des chasseurs de martres-zibelines qui ont découvert la Sibérie. La moitié des exilés qui peuplent les steppes de la Sibérie est employée à la chasse de la zibeline et de l'hermine. Ce dernier petit animal est de la taille de la belette; son poil doux, fin et soyeux, est entièrement blanc; il habite les mêmes régions que la martre-zibeline et sa fourrure est plus estimée encore.

pas les habitants des campagnes, émerveillés par les belles pages écrites en faveur des appétits carnassiers de cette vilaine bête, de la confondre pour cela même avec la fouine ; il est vrai qu'elle n'en diffère au premier aspect que par les nuances de la gorge, jaunâtres dans l'une (martre), blanchâtres dans l'autre (fouine). Quant au pelage, à la force, ainsi qu'aux innombrables rapines commises par ces animaux, il y a identité parfaite.

Maintenant que nous avons fait bonne justice du sans-façon populaire, qui désigne sous un seul et même nom tous ces sous-genres de l'espèce, nous n'aurons plus à nous occuper de la martre proprement dite, mais bien de la fouine, du putois et seulement comme mémoire de la belette.

Commençons par faire connaître nos personnages.

La fouine se rapproche de la martre par sa forme allongée, son caractère sanguinaire et un peu aussi par son pelage.

Autrement commune que la martre, elle est très-répandue en France. Durant la belle saison elle fait de fréquentes excursions dans les bois, où elle se nourrit de fruits sauvages (elle est très-friande de cerises) et aussi de tous les petits gibiers dont elle peut faire sa proie ; mais à l'approche de l'hiver elle s'empresse de chercher un refuge dans les granges et les hangars des fermes.

Le putois est moins grand que la fouine ; son pelage est plus brun, sa gorge n'est marquée d'aucune tache, mais un petit liséré blanc encadre sa bouche, son menton et ses oreilles. Mêmes mœurs, même caractère sanguinaire que la fouine.

La belette est une miniature de cette dernière à tous égards et n'en diffère que par la couleur de sa fourrure, rousse ou jaunâtre en été, blanche en hiver. Aussi cruelle que la fouine et le putois, sa faiblesse apparente ne l'empêche pas de s'attaquer à un lièvre de sept livres et d'en faire sa proie, lorsqu'elle a l'adresse de le surprendre dans son gîte.

Durant l'été, alors que les silos des fermes sont dégarnis, ces petits animaux gagnent les bois et les champs, où ils ne sauraient être l'objet d'aucune poursuite sérieuse, au point de vue de la chasse, grâce à la facilité avec laquelle, interrompant leurs voies, ils se relaissent sur les branches des arbres; mais, redevenus à l'approche de l'hiver les commensaux familiers des fermes, ils fournissent des carrières de chasse aussi variées et aussi complètes que celles qui distinguent les plus grands animaux.

A ce titre la fouine, surnommée l'Attila des basses-cours, doit être citée en première ligne. Plus rusée, plus forte, plus agile et plus entreprenante que le putois, elle est à ce dernier ce que le loup est au renard : comparaison justifiée encore par l'odeur nauséabonde qu'exhale le putois, animal tenace, paresseux, sédentaire, fuyant plutôt qu'il ne ruse et désolant les chiens par des randonnées uniformes, étroites, mesquines comme celles de la belette; tandis que la fouine, au contraire, perçant au delà des fermes, a comparativement des allures de bête de premier ordre.

Ce petit mammifère, aux pieds courts, aux ongles arqués et tranchants, est la terreur des basses-cours et des garennes : parfois même il s'attaque aux lièvres. Finalement, une fouine qui a atteint toute sa force commet autant de ravages qu'un chat sauvage (1) ou qu'un renard.

(1) Tout chasseur qui a tué dans les bois un chat quelconque, fût-ce même un matou ayant déserté momentanément le toit domestique, s'imagine avoir conquis la dépouille d'un chat sauvage.

Le vrai chat sauvage est gris, nuancé d'une légère teinte de fauve; au lieu d'être moucheté comme le chat domestique, il est rayé de longues bandes d'un gris plus foncé que le reste du corps; une raie noire s'étend le long de son dos, depuis la nuque jusqu'à l'extrémité de la queue, et il est plus grand et plus allongé que le chat domestique.

Ce réquisitoire nullement exagéré ayant justifié, mieux encore que par l'attrait d'un plaisir, la destruction du coupable, nous allons initier le lecteur aux secrets d'une chasse réservée en apparence aux vieux praticiens goutteux, quand elle serait digne, par ses contrastes, ses mystères et sa rusticité, d'enflammer l'ardeur des plus rudes jouteurs de la vénerie.

On le sait, il n'est si futile chasse au chien courant qui n'exige des connaissances théoriques et pratiques d'un ordre autrement élevé que celles qui assurent le succès de la plus laborieuse chasse au chien d'arrêt. A ce titre et à d'autres encore, la petite chasse en miniature, que nous allons décrire, est bien digne de captiver l'attention du lecteur.

Avant d'enseigner aux autres, il faut s'instruire soi-même; c'est ce que j'ai fait en m'enrôlant consciencieusement sous la bannière d'un professeur dont je tiens à produire les certificats de capacité. « C'est souvent hasarder un bon mot, et vouloir le perdre, que de le donner pour sien », a dit notre célèbre La Bruyère; or, un principe étant plus sacré qu'un mot heureux, j'applique le proverbe.

Mon héros, subissant en quelque sorte la cruelle destinée d'Actéon (qu'on me permette cette fiction), avait été, lui aussi, dévoré par ses chiens, autrement dit il s'était ruiné, non dans l'éclat d'une dernière et splendide fête, à l'instar des anciens gentilshommes chasseurs; lui, au contraire, luttant

---

On ne rencontre en France le véritable chat sauvage que dans les grandes forêts de la Lorraine, de l'Alsace et des Ardennes, encore y est-il assez rare. En résumé, le chat sauvage est le père du chat domestique, comme le sanglier est le père du porc.

Il est un animal bien plus destructeur encore que le chat sauvage, c'est le chat de nos foyers. Vous ne pouvez vous faire une idée du dégât qu'il commet dans les pays où la fertilité de la terre groupe les fermes à peu de distance les unes des autres.

A mon sens le renard est moins coupable : d'après cela rendez vous-même le jugement.

17

avec l'énergie de la passion contre sa destinée et descendant pas à pas tous les degrés de l'échelle cynégétique, chassait encore malgré ses soixante-dix ans et l'anéantissement de son patrimoine; il chassait tous les jours de sa vie, d'un soleil..., mieux encore, d'une lune à l'autre (le soleil trop paresseux a perdu toute valeur proverbiale). Véritable type incarné, mon héros, vieux reste du veneur de l'ancienne école, renchérissant encore sur les grands maîtres, s'était créé, faute de mieux, des joies lilliputiennes, néanmoins sérieuses.

Après avoir remplacé sa meute de purs normands par des bâtards et, en définitive, ces derniers par des briquets, bassets, etc., etc..., l'espace se rétrécissant encore, il en avait été réduit à une modeste couple de petits chiens terriers, avec lesquels il se transportait dans les fermes des environs de Paris; là, il est vrai, le vieux chasseur était reçu à bras ouverts pour ses qualités privées, son joyeux entrain, et aussi en récompense des fouines et putois qu'il détruisait en si grand nombre que sa réputation était devenue universelle.

Quel observateur n'aurait été touché de l'excentricité de cette double décadence?... Quel philosophe n'aurait admiré une philosophie aussi douce, aussi pratique, aussi élevée?... Quel chasseur serait resté insensible à la vue de ces charmants petits chiens, espèces de King's-Charles, ennoblis encore par un croisement fécond, libéral? Amours de chiens, à l'œil vif, au museau de renard, à l'oreille démesurée, au poil soyeux et argenté!... Quel chasseur, dis-je, ne serait resté en contemplation devant ces charmants petits êtres, prenant à la voix de leur maître des arrières et des devants à l'entour de quelques fagots!... et procédant en cela aussi classiquement que l'aurait fait jadis dans les ronciers du Haut-Poitou la meute aristocratique, pure de tout mélange, depuis les croisades jusqu'à nos jours, dont le vieux professeur se complaisait à raconter les prouesses!

Illusion des souvenirs!... rien n'était changé : le chasseur chassait, le professeur professait et, la philosophie aidant, ces quelques fagots représentaient tout aussi bien le bois ou la forêt que le plus chétif des animaux immondes aurait pu tenir lieu du daguet et du dix-cors.

Tel était enfin le personnage qui, agrandissant le domaine de saint Hubert, faisait d'une méchante bête de rapine, livrée à l'ignominie de l'assommoir, l'objet, le prétexte et le but d'une chasse pleine d'intérêt, de mouvement, de péripéties pour les hommes et de dangers pour les chiens, alors qu'entraînés par leur ardeur sur la pente glissante des toits, ils roulent, tombent et se tuent sous les yeux de leur maître.

Mais pressé d'entrer en matière, et faisant grâce au lecteur des préliminaires hospitaliers, autrement dit des causeries du foyer, toutes jetées dans le même moule tant elles se ressemblent, joignant, dis-je, l'action aux préceptes, je le mettrai en présence du professeur donnant ses dernières instructions, initiant ses disciples aux secrets d'une chasse qui se recommande par des règles aussi invariables que celles de la grande vénerie.

Laissons donc parler le vieux professeur, dont les leçons à la fois théoriques et pratiques deviennent une heureuse annexe à la science de la chasse :

Sans être, dans toute l'acception du mot, des animaux nocturnes, la fouine et le putois exerçant principalement leurs ravages durant la nuit, on est plus certain d'en revoir à la petite pointe du jour.

Le nombre des tireurs doit être proportionné à l'étendue de la ferme et à l'importance des bâtiments. Deux couples de chiens suffisent pour les plus vastes.

Les chasseurs, placés aux angles des granges, doivent être armés de fusils de très-petit calibre, pourvus, crainte d'incendie, de bourres grasses, réellement incombustibles ; je dis réellement, ayant sous les yeux un journal annonçant l'incendie d'une fabrique de matières incombustibles, totalement dévorée par le feu, ce qui semblerait témoigner contre la qualité des produits.

Revenons à notre sujet; le devoir du piqueur lui faisant une loi de suivre les chiens dans l'intérieur des granges, et l'expérience ayant démontré que la charge d'un fusil peut, dans des circonstances données, traverser la toiture en chaume qui recouvre les bâtiments, il est expressément recommandé aux chasseurs de ne pas tirer dans la direction des granges, lors même que l'animal débucherait à découvert sur les toits. Résistant à toutes les tentations, les chasseurs prudents doivent attendre, pour faire usage de leurs armes, que la bête de meute, se laissant tomber (faculté exceptionnelle) comme une masse inerte du haut de corniches, ou se dérobant par une issue secrète, s'engage dans les intervalles des bâtiments pour gagner un autre fort.

« En prenant possession d'une grange, le piqueur aura soin de maintenir ouvertes toutes les issues, portes et fenêtres, de les reconnaître, de les signaler aux chasseurs; il procédera ensuite à la quête, en commençant par les étages supérieurs, afin de faciliter le débucher de l'animal et d'alléger les chiens de toute fatigue inutile.

« En plusieurs granges garnies de récoltes, il donnera la préférence à la moins élevée; plus les gerbes sont amoncelées les unes sur les autres et plus les chiens éprouvent de difficulté à rapprocher l'animal qui, piquant parfois en droite ligne du faîte au sol à travers les interstices, prend une si grande avance sur eux que le piqueur est forcé à chaque instant de déplacer les gerbes pour leur ouvrir un passage.

'« Les charretières à jour, les remises, les écuries délabrées, dans lesquelles il est facile de contrôler par la vue les refuites de la bête, sont les terrains les plus favorables; de

même que les hangars encombrés de lourdes pièces de bois,
labyrinthes inextricables, en sont les plus désavantageux.

« La nature des récoltes conservées dans les granges peut
encore éclairer le jugement du piqueur. Il sait, ou doit savoir,
que les lins légers, mais résistants,... que les plantes grasses,
les graines huileuses, les bourrées de bois secs, les foins
odorants et absorbants, sont des retraites que la bête affectionne; retraites, il est vrai, plus favorables à la défense qu'à
l'attaque. A la fois valet de chien, piqueur ordonnateur et
par-dessus tout homme de savoir, d'expérience et de cœur,
il sait, dis-je, relever un défaut, démêler les ruses les mieux
ourdies et sauver, au péril de ses jours, ses bons chiens
d'une chute inévitable. »

Ainsi parlait le vieux professeur le jour ou j'ai recueilli de
sa bouche même ces précieux enseignements; le jour où, pour
la dernière fois, je l'ai vu disparaître avec ses chiens dans
un océan de gerbes, en fredonnant un hallali qui enivrait par
anticipation bêtes et gens de joies indicibles.

Puis l'attaque commença, vive, ardente, avec un entrain
que surexcitaient les voies fraîches et multiples qui se croi- .
saient dans toutes les directions.... Parcourant en un même
instant les phases accidentées de la grande chasse, nos chiens
modulent, que dis-je?... acclament avec un redoublement de
gorge les notes du doute, de l'espoir, du dépit et de la fureur!... notes pénétrantes, hautes, fausses même; car la
fureur fait fausser le chien; le défaut, le change, le retour, la
vue, se succèdent du sol au grenier, à travers les replis inextricables des gerbes amoncelées, et l'acharnement redouble.

Chassée de tous ses forts, la fouine, car à ses fuites auda-
cieuses on a reconnu la noblesse de sa nationalité, la fouine,
roulant parfois avec les chiens dont elle se défait autant par
la force que par la ruse, a gagné les bâtiments d'exploitation!
Changement de décors; les lits, les meubles sont bouleversés,

la vaisselle jonche le parquet, les réduits les plus discrets
sont envahis!... tout ce qui vit, grouille ou rampe!... hommes,
femmes, enfants, chats, rats, putois, fouine, belette se
croisent dans toutes les directions, sans distraire un seul
instant l'ardeur des petits chiens collés à la voie de la bête
de meute sur ses fins, portant la hotte comme un vieux lièvre,
et essuyant çà et là dans sa course les coups de feu que l'obs-
curité rend incertains. Soudain le bruit cesse, les chiens sont
tombés en défaut. Vainement et d'eux-mêmes prennent-ils des
arrières et des devants circulaires; plus de sentiment, plus
de voie;... mais le coup d'œil du professeur a bientôt fait justice de cette dernière trame de la bête, relaissée à cette heure
non plus dans les granges sillonnées de coulées battues et re-
battues, où la vitesse triompherait de la ruse; abandonnant
la terre, le chaume des toits, les corniches élevées, c'est sur
la fourche d'un arbre qu'elle a cherché un dernier refuge.

Alors commence tout autour des bâtiments, dans les haies,
les fossés boisés, une requête que secondent les premiers
rayons du soleil levant! le fugitif est découvert, cerné, mis
à mort par les chasseurs ou par les chiens, car, succombant
héroïquement, il se précipite parfois de lui-même au-devant
de la meute.

Ainsi se termine le premier acte d'une chasse qui d'ordinaire a lieu en partie double.

En effet, si la fouine mâle, toujours plus entreprenante
que la fouine femelle, a été relancée la première, reste encore
sa compagne, que les chiens parviendront à mettre sur pied;
mais après un rapprocher lent, laborieux, varié d'incidents
nouveaux qui feront déborder de joie le cœur de tout chasseur assez passionné et surtout assez philosophe pour comprendre que le plaisir de la chasse est moins encore dans le succès que dans la peine qu'on se donne. C'est en rendant le
bonheur facile qu'on le met à la portée du plus grand nombre.

Puis, contrairement à l'usage, après l'exécution vient le jugement; mais dans une forme antique et solennelle!

Chaque cultivateur, énumérant ses pertes, élève à la mémoire du petit mammifère un mausolée de victimes qui ferait honneur à un loup du Gévaudan.

Un jour, couronnant la patience, le calme et le sang-froid dont le chasseur aura donné un aussi éclatant exemple, saint Hubert, qui garde toujours quelque bonne chance en réserve pour ses élus, fera surgir d'une vieille masure abandonnée, non plus un chétif mammifère, mais un royal renard charbonnier!... Le renard est le quine du chasseur à la fouine : il en est le lingot d'or.

« Je n'ai pas connu l'ennui depuis que je me suis mis à composer des livres, disait le savant Lemercier; si j'en ai causé à mes lecteurs, qu'ils me le pardonnent,... car moi je me suis bien amusé. » C'est ce que j'allais avoir l'honneur de vous dire.

PETIT VOCABULAIRE

DES

TERMES DE CHASSE

[Cette analyse, qui ne dispense pas plus de consulter les livres d'histoire naturelle que les traités spéciaux, n'est offerte au lecteur qu'à titre de simple renseignement.]

A

Abatis. Ce mot exprime l'action d'un chasseur qui a abattu beaucoup de gibier.

Abattures. Traces que laissent les grands animaux dans les taillis.

Aboi. Se dit d'un chien qui crie après une bête dans son fort sans oser l'approcher : c'est de là qu'est venue l'expression *aboyer à l'effroi;* hormis ce cas, le chien n'aboie pas, il crie.

Abois. Une bête est aux abois quand, interrompant sa course, elle fait tête aux chiens.

Accompagné. Une bête s'accompagne lorsqu'elle se mêle aux autres animaux (même espèce) pour donner le change.

Accouple ou COUPLE. Lien en crin qui sert à attacher les chiens courants deux à deux.

Accourcir. C'est tenir plus court le trait du limier.

Accul. Extrémité des bois et forêts.

Acculer un animal. Lui couper la retraite.

Affût. Lieu où l'on se cache pour attendre un animal quelconque à sa rentrée ou à sa sortie du bois. L'affût est abrité ou à découvert.

Aiguillon. Petite pointe qu'on remarque sur les fumées bien formées des bêtes fauves. On dit : Ces fumées sont bien ou mal aiguillonnées.

Ajuster. Pour bien ajuster, il faut l'harmonie des quatre points principaux : l'œil, l'alidade, le guidon et le but.

Allaites. Mamelles de la louve.

Aller au vent. Aller le nez haut — aller de hautes erres indique une bête passée depuis longtemps.

Aller au bois. C'est se mettre en quête d'un animal avec le limier.

Aller d'assurance. Marcher sans crainte, le pied bien formé. Se dit des animaux.

Aller au gagnage. Aller pâturer ou faire ses viandis dans les grains.

Allures. Distance qui sépare les pieds de devant de ceux de derrière. Cette expression ne s'applique qu'aux grands animaux.

Allongé. Se dit d'un chien qui par un effort s'est allongé le nerf de la cuisse.

Ameuter. Réunir les chiens en corps de meute.

Amont. Terme qui exprime la direction du vent, par rapport à une rivière ou à un bois; il est l'opposé d'aval.

Andouillers. Premiers cors qui poussent le long de la perche (merrain).

Animaux. Nom donné à toutes les bêtes de chasse, fauves, noires ou rousses. On désigne sous le nom d'*animaux nuisibles* toutes les espèces malfaisantes.

Appel simple ou forcé. Sonnerie de chasse à l'aide de laquelle les chasseurs correspondent entre eux.

Appuyer. C'est encourager les chiens à l'aide de la voix ou de la trompe.

Après. Terme d'encouragement : Après, mes beaux !

Arme. *Voy.* le chapitre des armes (*Chasseur rustique*).

Armure. Peau épaisse qui recouvre l'épaule du sanglier.

Arrières. Prendre des arrières, c'est se mettre en quête de la voie de l'animal en arrière du défaut.

Assemblée. Point de réunion des chasseurs; elle a toujours lieu au bois.

Assommoir. Piège fort connu dont on se sert pour détruire les putois, les fouines et les belettes.

Attaquer. Action de découpler les chiens sur la voie.

Au-coute. Terme dont on se sert pour attirer l'attention des chiens et les appuyer.

Au retour. Cri de chasse pour indiquer aux chiens que la bête opère un retour sur elle-même.

Avaler... la botte à son limier, c'est lui retirer son collier pour le mettre en liberté.

Avance. Se dit de tout animal qui s'est forlongé.

B

Balancer. Les chiens balancent quand ils chassent par à-coups.

Basset. Race de chiens courants dont on reconnaît deux espèces distinctes : le basset à jambes droites et le basset à jambes torses.

Bâtard. Se dit en mauvaise part d'un chien qui n'est pas de bonne race, sous le rapport généalogique, et en bonne part de tout chien provenant du croisement de la race anglaise avec la race normande.

Battre. Une bête se fait battre quand elle va et revient dans le même canton.

Battue. Chasse exécutée en plaine ou au bois au moyen de rabatteurs; les chasseurs doivent être placés sous le vent.

Bauge. Lieu fangeux dans lequel le sanglier se repose.

Beau revoir. Se dit d'un terrain qui conserve bien l'empreinte du pied de l'animal; il se rapporte aussi au temps : par la même raison on dit, dans une acception toute différente : Il fait mauvais revoir.

Belette. Famille des martres. Carnassier et égorgeur, ce petit animal détruit beaucoup de gibier.

Bellement. Terme de chasse; il est synonyme de doucement.

Bêtes. Se dit des grands animaux... On dit bête de chasse.

Bêtes de compagnie. Jeunes sangliers depuis un an jusqu'à deux.

Biche. Femelle du cerf.

Bigle. Petit chien anglais pour lièvre.

Blaireau. Ordre des carnassiers. (*Voy.* le chapitre qui concerne cet animal.)

Bois. Exprime l'ensemble de la ramure qui croît sur la tête des cerfs, daims et chevreuils. On dit qu'un animal touche au bois quand il frotte ses bois contre les arbres.

Bondir. Se dit d'un animal qui s'élance de la reposée. On entend bondir le cerf.

Botte de limier. Collier de cuir attaché au cou du limier.

Bouquiner. Se dit d'un lièvre qui court les hases.

Bourse. Filet formant la poche dont on se sert pour prendre les lapins.

Bout de voie. Les chiens sont à bout de voie quand ils la perdent et cessent de crier.

Bousards. Fientes de cerf, jetées en bouse de vache.

Boutis ou fouillures. Terre foulée par les bêtes noires.

Boutoir. Bout du nez des bêtes noires.

Braconnier. Le plus dangereux est celui qui remplace le fusil par les pièges. Animal nuisible, mais qu'il faut empêcher de nuire.

Brailler. Se dit d'un chien qui crie à tort et à travers.

Bramer. Le cerf brame à l'époque du rut.

Bricoler. Se dit d'un chien qui s'écarte de la voie.

Brisées. Branches rompues que les valets de limier placent dans les chemins pour indiquer la voie suivie par l'animal dont ils opèrent le rembuchement. Le gros bout de la branche doit être dirigé dans la direction des suites de l'animal. Simple pour biche, la brisée est double pour cerf.

Brout. Jeunes pousses de l'année, premiers bourgeons qui enivrent les cerfs, les daims et les chevreuils.

Buisson. Bouquet de bois qui sert de retraise aux animaux.

Buisson creux (synonyme de bredouille). Cette expression n'est employée que par les chasseurs à courre.

C

Caisse ou CAISSONS. Servant à faire voyager les grands animaux d'un lieu à un autre.

Calibre. Diamètre intérieur d'un canon de fusil.

Carnage. Nom donné à toute espèce de charogne, et notamment à la chair de cheval mort.

Carrefour. Lieu où aboutissent plusieurs chemins.

Cartouche. Charge renfermée dans un rouleau de papier. On se sert de cartouches aussi bien pour les fusils ordinaires que pour ceux qui se chargent par la culasse.

Cerf. (*Voy.* le chapitre du cerf.) On dit cerf de meute pour désigner celui que les chiens chassent.

Change. Action d'une bête qui en substitue une autre à sa place.

Charge d'un fusil. Elle comprend la quantité de poudre et de plomb introduite dans le canon.

Chasse. Action de poursuivre toute espèce de gibier. Chasser *à cor et à cri*, c'est chasser aux chiens courants et à forcer.

Chasser de gueule. C'est laisser aboyer un limier dont le mutisme est la qualité la plus essentielle.

Chasser de haut vent. C'est suivre contre le vent.

Chasse royale. Grande chasse à courre, avec meute, relais, piqueurs et cavaliers.

Chat sauvage. Animal carnassier; il diffère du chat ordinaire en ce que son pelage, au lieu d'être moucheté, est rayé de longues bandes d'un gris plus foncé que le reste du corps.

Chenil. Demeure des chiens.

Chevilles. Andouillers qui poussent sur les perches de la tête des cerfs, daims et chevreuils. Un animal est bien chevillé lorsque son bois est garni de beaucoup d'andouillers.

Chevreuil. (*Voy.* le chapitre du chevreuil.) Quadrupède de la famille des cerfs.

Chiens courants et autres employés à la chasse à courre. Plusieurs espèces : le grand et le petit briquet, le basset, le lévrier et le chien de force. (*Voy.* le chapitre des chiens courants.)

Chiendent. Nom d'une herbe salutaire aux chiens : on prétend qu'elle les purge ; je la soupçonne de produire plutôt l'effet d'un vomitif.

Cimier. C'est la croupe du cerf, du daim et du chevreuil.

Clabaud. Chien qui crie mal à propos.

Clefs de meute. Chiens les plus sûrs de l'équipage.

Coiffer. Se dit d'un chien qui saisit un animal par les oreilles et l'arrête de force. S'applique principalement au sanglier et au loup. Un chien qui a de longues oreilles est réputé bien coiffé.

Collet. Sorte de nœud coulant fait en crin ou en fil de fer, dont les braconniers se servent pour prendre les grands animaux et le petit gibier.

Conil. Nom du lapin en vieux français.

Connaissances. Indices de l'âge d'un animal par la tête, le pied, les fumées, etc... Avoir connaissance d'un animal, c'est en rencontrer la voie.

Contre-pied. On dit prendre le contre-pied de la bête lorsque, au lieu de suivre la voie qui rapproche d'elle, on prend celle qui en éloigne ; les mauvais et les jeunes chiens sont exposés à prendre souvent le contre-pied.

Cor de chasse. Synonyme de trompe. Cette dernière expression est la seule adoptée par la vénerie.

Cordeaux. Cordes que l'on tend pour effrayer le gibier.

Cors. *Voy.* Bois.

Corsage. Terme de comparaison pour apprécier la forme du corps d'un animal, notamment du cerf.

Créance. Se dit des chiens dans lesquels on a confiance. C'est un chien de bonne créance.

Coulées. Chemin que les animaux tracent dans les bois.

Couper. Se dit d'un chien qui quitte la voie pour la reprendre devant les autres chiens et gagner la tête.

Couple. Corde de cuir, de crin ou de chanvre qui sert à attacher les chiens deux à deux.

Courir. On dit courir un cerf, un daim, etc... et non le chasser.

Crier. Un chien courant n'aboie pas, il crie.

Croix de cerf. Cartilage de la forme d'une croix, qu'on remarque dans le cœur du cerf.

Crotte. Nom donné à la fiente du lièvre et du lapin.

Curée. Chaude, repas composé de quelques parties de la bête, que l'on fait faire aux chiens sur le terrain. La curée est froide lorsqu'elle a lieu au chenil.

D

Dagues. Bois qui pousse sur la tête des cerfs et des daims durant la seconde année.

Daguet. Jeune cerf à sa seconde année.

Daim. Genre cerf. (*Voy.* le chapitre du daim.) Sa femelle se nomme daine, ses petits faons.

Daintiers. Parties sexuelles du cerf.

Danser. Lorsque les chiens voltigent à droite et à gauche de la voie, au lieu d'y rester collés, on dit qu'ils dansent.

Debout. Mettre debout un animal, c'est le faire partir de la reposée.

Débouler. Lièvre qui déboule à l'improviste... Tirer un lièvre au déboulé.

Débucher. Quand un animal sortant du bois prend la plaine, on dit qu'il débuche. C'est également le nom d'une fanfare que l'on sonne à cette occasion.

Déchaussures. Égratignures que le loup fait sur la terre, à la façon des chiens, après avoir jeté ses laissées.

Découpler. Action d'enlever les couples aux chiens. Découpler roide, en vénerie, c'est faire donner un relais en avant de la meute, sans attendre son passage, conformément aux règles prescrites.

Découdre. Blessures faites aux chiens par les sangliers.

Dedans. Prendre les dedans, c'est quêter dans l'intérieur d'un cercle sans aller en avant ni en arrière. On entend encore par les dedans, le foie, le cœur, la rate, la fressure des animaux, finalement tout ce qui sert à préparer la curée chaude.

Défaut. Les chiens sont en défaut quand ils sont à bout de voie, c'est-à-dire lorsqu'ils ont perdu la piste de l'animal qu'ils chassent. Le défaut est relevé lorsque la chasse continue.

Défenses. On nomme ainsi les deux dents qui sortent parallèlement de la mâchoire inférieure des sangliers.

Déharder. C'est détacher les chiens de la harde, sans pour cela leur enlever les couples qui les retiennent unis deux à deux.

Déliées. Les fumées sont déliées lorsqu'elles sont bien moulées.

Démêler la voie. C'est distinguer la bonne voie de la mauvaise.

Demeures. Bois taillis dans lesquels les cerfs se retirent de grand matin.

Dentée. Blessure produite par un coup de dent. Les chiens ne se font pas entre eux des morsures, mais bien des dentées.

Déployer le trait. C'est lâcher un peu plus de corde au limier.

Dépouiller un animal. Lui enlever la peau. Synonyme d'écorcher, expression qui n'est pas admise en vénerie.

Dérober la voie. Se dit d'un chien qui suit un animal sans crier.

Derrière. Terme de commandement : Derrière, chien !

Descendre une enceinte, c'est la parcourir à mauvais vent.

Dessolé. Le chien qui, à force de chasser sur un terrain rocailleux, s'est enlevé la peau du dessous des pieds, est un chien dessolé.

Détourner. C'est s'assurer, en faisant le tour d'une enceinte à l'aide d'un limier, que l'animal dont on a reconnu l'entrée n'en est pas sorti.

Devants. Prendre les devants, c'est faire quêter les chiens en avant du point où le défaut a eu lieu.

Dix-cors. Cerf à sa septième année. Dix-cors jeunement se dit d'un cerf de six ans.

Donner aux chiens. Faire chasser un animal par les chiens.

Doubler ses voies. Se dit d'un animal qui revient directement sur ses voies.

Drap de curée. Toile sur laquelle on prépare la curée.

Dresser la voie. C'est faire lancer l'animal par quelques chiens seulement, afin de l'indiquer à la meute; dresser un chien d'arrêt, c'est faire son éducation.

E

Eau. On dit d'un animal qui s'est mis à l'eau qu'il bat l'eau.

Ébat. Promenade qu'on fait faire aux chiens qui ne chassent pas pour entretenir leur santé.

Échauffer. Les chiens s'échauffent sur la voie quand ils la suivent avec ardeur.

Écoutes. Oreilles du sanglier.

Écureuil. (*Voy.* le chapitre qui le concerne.)

Effilé. Se dit d'un chien qui a travaillé trop jeune.

Effroi. Un animal se dérobe d'effroi quand, après avoir été rembuché, il vide l'enceinte ou le buisson avant l'attaque.

Égratignures. Traces que laisse un animal sur la terre sèche et dure.

Embouchure. Petit entonnoir, faisant partie de la trompe de chasse, sur lequel on appuie les lèvres pour souffler.

Embûcher (s'). Bête chassée qui rentre au bois.

Empaumer la voie. Prendre d'assurance la bonne voie.

Empaumure. Extrémité des bois de cerf et de chevreuil : des vieux s'entend.

Emporter la voie. Se dit d'un chien qui a de la peine à chasser.

Enceinte. Partie de bois entourée de chemins. On se sert de la même expression pour désigner une enceinte entourée de filets destinés à prendre les animaux ou à les y retenir.

Enfourchure. Extrémité du bois de cerf à l'endroit où il forme la fourche.

Engins. Se dit de tous les ustensiles propres à la chasse. Vieille expression.

Engravé. Chien dont les pieds sont écorchés.

Enlever les chiens. Les arrêter pour les enlever de la mauvaise voie et les ramener dans la bonne.

Entées. Fumées de cerf ou de biche unies ensemble.

Épauler un fusil. Le mettre en joue.

Épieu. Lance courte et forte dont on se servait autrefois contre les grands animaux.

Éponges. Se dit de ce qui forme le talon des bêtes fauves.

Épreintes. Fientes de la loutre.

Équipage. On comprend sous cette dénomination le personnel et le matériel employés à la chasse.

Erre. Exprime les allures d'un cerf. Aller de hautes erres, c'est avoir une avance de plusieurs heures.

Essai. On désigne ainsi les petites écorchures que les animaux qui commencent à toucher au bois font aux branches.

Étraquer. Suivre une voie sur la neige.

Étriqué. Se dit d'un animal haut sur pattes.

Éventer. C'est sentir la voie sans mettre le nez à terre.

F

Faire sa tête. S'applique aux cerfs, daims et chevreuils qui, après avoir perdu leur bois, se retirent dans les buissons pour refaire leur tête.

Faire tête. Se dit d'un animal qui, cessant de fuir, se défend contre les chiens.

Fanfare. Air de chasse sonné sur la trompe. La plupart des fanfares ont été composées par M. de Dampierre. (*Voy.* le chapitre de la trompe.)

Faon. Petit de la biche, de la daine et de la chevrette.

Fauconnerie. Art de dresser et de diriger les oiseaux de proie. Chasse au vol.

Fauve. Désignation collective des cerfs, daims et chevreuils.

Faux-fuyant. Petit sentier tracé dans le bois.

Faux-marqué. Cerf ou daim dont les bois portent plus de cors d'un côté que de l'autre (tête bizarre).

Faux-rembuchement. Action de l'animal qui, après avoir pénétré dans un fort, en ressort par le même chemin pour aller se rembucher ailleurs.

Fermées. Se dit des cerfs qui marchent les pinces fermées. C'est une preuve qu'ils vont d'assurance.

Fiente. Déjection des animaux, notamment des loups, des blaireaux et des renards.

Filet. Piège fait de fil. Les poches pour lapins et les panneaux pour lièvres représentent une sorte de réseau à mailles. C'est le piège le plus usité.

Fins. On dit d'un animal à moitié rendu qu'il est sur ses fins.

Flair. Odorat du chien.

Flatrer. Se dit d'un animal chassé qui se rase pour laisser passer les chiens.

Forcer. C'est prendre un animal à force de chiens.

Forlonger (se). Prendre une grande avance sur les chiens.

Forme. Synonyme de gîte.

Fort. Réduit secret et fourré où se retranche l'animal pendant le jour.

Fosse. Trou profond qui sert à prendre les loups.

Fouiller. On dit fouiller un terrier.

Fouillures. Synonyme de boutis.

Fouet. Queue des chiens de chasse.

Fouine. De la famille des martres. (*Voy.* la Vénerie en miniature.)

Foulée ou FOULURE. Légère trace que laisse un animal sur l'herbe.

Fourche. Ustensile ordinaire dont les dents sont en fer. Elle sert à contenir les blaireaux et les renards.

Fraise ou PIERRURE. Partie de la tête des cerfs, daims et chevreuils, placée au-dessus de la meule et précédant les perches.

Frapper aux brisées. C'est découpler les chiens à l'endroit même des brisées, pour attaquer l'animal rembuché.

Frayer. C'est l'action d'un cerf qui frotte ses nouveaux bois contre les arbres.

Fressure. On nomme ainsi le cœur, le foie, la rate et les poumons hachés en petits morceaux pour servir à la curée.

Fuir. Un animal ne court pas, il fuit.

Fuites. Distance qui sépare les bonds d'un animal. Plus les bonds sont grands, plus il accuse de force et de corsage. En style moins académique on entend par fuites et refuites l'ensemble de la course d'un animal, y compris ses détours et ses ruses.

Fumées. Déjections des cerfs, biches et daims. Celles du matin sont moins bien digérées que celles du soir.

Fumer les renards. (*Voy.* le chapitre du renard.)

Furet. Petit quadrupède de la famille des martres. On l'emploie à faire sortir les lapins de leurs terriers.

Fusée. Partie du terrier comprise entre l'ouverture et la chambre.

Fusil. (*Voy.* le chapitre des armes.)

G

Gagnage. Terres ensemencées dans lesquelles les grands animaux (cerfs, daims et chevreuils) vont pâturer.

Galis. Petite trace que le chevreuil a laissée en grattant la terre.

Garde-chasse. Homme commis à la garde d'un bois ou d'une plaine.

Garder le change. C'est éviter de tomber dans le change. Se dit des chiens qui font justice de cette ruse de la bête.

Gardes. Ergots du sanglier.

Garenne. Petits bois où l'on conserve les lapins.

Gare-gare. Cris des piqueurs quand ils entendent bondir le cerf de la reposée.

Gaulis. Bois de quinze à vingt ans.

Gibier. Se dit de tous les animaux que l'on chasse, mais principalement des petits. On le distingue encore en gibier de poil et de plume, de plaine et de bois.

Gigoté. Se dit d'un chien qui a la cuisse ronde et bien attachée.

Gîte. Lieu où le lièvre se repose pendant le jour.

Gorge. On dit d'un chien qu'il a une belle gorge, qu'il est bien gorgé, lorsqu'il a la voix très forte.

Gouttière. Petites veines creuses qu'on remarque dans le bois des cerfs, daims et chevreuils.

Grais ou **Grès.** On nomme ainsi les deux grosses dents de la mâchoire supérieure des sangliers, parce qu'elles leur servent à aiguiser leurs défenses.

Grands devants. C'est prendre les devants de sa quête en formant de grands cercles.

Grand vieux cerf. Nom donné au cerf dix-cors jusqu'à sa mort.

Grêle. C'est le ton le plus élevé de la trompe : on dit un ton grêle.

Griffes. Ongles de plusieurs espèces de quadrupèdes.

Griffon. Chien à poil rude et long. Deux types parfaits pour la chasse à courre et pour la chasse à tir.

Guéret. Champ labouré et non ensemencé.

Gueule. Le chien a une gueule et non une bouche. On dit : Ce chien est chaud de gueule.

H

Hallali. Cri de chasse qui annonce la mort d'un animal. Ne s'emploie qu'à l'égard des grands animaux.

Hallier ou Tramail. Filet à poches, soutenu de distance en distance par des piquets.

Halte de chasse. Lieu où les chasseurs se reposent.

Hampe. Poitrine du cerf.

Harde. Réunion d'animaux d'une même espèce.

Harder. C'est coupler plusieurs chiens ensemble.

Harloup. Terme d'encouragement dont on se sert pour exciter les chiens à poursuivre le loup.

Hase. Femelle du lièvre.

Hère. Nom que porte le faon de cerf jusqu'à six mois.

Hérisson. Famille de ce nom. Petit quadrupède défendu par une armure naturelle, et après lequel les chiens aboient quand ils le rencontrent sans oser l'attaquer.

Hobereau. Le plus petit des oiseaux de proie et de fauconnerie.

Hotte. On dit d'un lièvre sur ses fins qu'il porte la hotte.

Houper. Cri qui sert de ralliement entre chasseurs.

Houret. Sobriquet donné à tout mauvais chien.

Hourvari ou Ourvari. Action d'un animal qui retourne sur ses voies pour tromper les chiens.

Hure. Tête de sanglier.

Hutte. Loge construite avec des branches et de la terre. Il y a des huttes ambulantes.

Hydrophobie. Maladie de la rage commune aux chiens. (*Voy.* le Traité sur les maladies des chiens, par J. Prudhomme, *Chasseur rustique.*)

J

Jambe. On désigne ainsi et collectivement la distance qu'il y a entre les os ou ergots... On dit, en parlant du cerf, du daim ou du chevreuil, il a la jambe large ou serrée.

Jarret. Lorsqu'il est droit, c'est dans les chiens un signe de vitesse.

Jeter. Un cerf jette sa tête lorsque ses bois tombent.

Jeunement. Nom du cerf dix-cors à sa sixième année.

Jointé. Un animal est haut ou bas jointé selon la distance qui sépare les os du talon.

Jugé. On dit tirer au jugé, pour exprimer l'action de tirer un animal sans le voir.

Juger. C'est reconnaître l'âge et le sexe de la bête par son pied, ses fumées, ses portées, etc., etc.

L

Lacet. Nœud coulant en fil de chanvre ou de fer.

Ladre. Nom des lièvres qui vivent dans les terrains bas et marécageux. Ces animaux, grands, longs et mous, ont une chair de mauvais goût.

Laie. Femelle du sanglier.

Laisse ou LESSE. Corde de crin avec laquelle on accouple les chiens que l'on veut retenir près de soi. Ne pas confondre la laisse avec la couple.

Laissées. Fientes du loup, du sanglier et autres bêtes noires.

Laisser-courre. Chasse aux chiens courants, à forcer. C'est aussi l'action de découpler les chiens.

Lancé. Signifie le lieu d'où la bête est lancée. On dit : L'animal revient au lancé. Lancer une bête, c'est la faire sortir de son fort.

Laper. Le chien est le seul animal qui lape. Le loup boit.

Lapereau. — Lapin. (*Voy.* le chapitre du lapin.)

Larmiers. Conduits placés au-dessous des yeux des cerfs.

Lever le pied d'un animal. C'est le détacher de la jambe.

Levraut. Jeune lièvre.

Lévrier. Race de chiens au corsage élancé. Le lévrier est le destructeur du lièvre.

Lièvre. (*Voy.* le chapitre du lièvre.)

Limier. Chien dressé à quêter et détourner les grands animaux. (*Voy.* le chapitre du limier.)

Loup. (*Id.*). Louve, femelle du loup; louveteau, petit de la louve, âgé de moins d'un an; louvart, jeune loup d'un à deux ans.

Liteau. Endroit où le loup se repose.

Livrée. Taches et bandes que les faons et les marcassins ont sur le corps.

Loutre. (*Voy.* le chapitre de la loutre.) Ce quadrupède carnassier est de la famille des martres.

Louveterie. Désigne à la fois le matériel et le personnel de l'équipage affecté à la chasse du loup.

Louvetier. Chasseur commissionné pour procéder à la chasse du loup.

M

Mal mené. Se rapporte à l'animal et non à la chasse. On dit : Ce cerf est mal mené, pour faire comprendre qu'il est sur ses fins, ou tout au moins très-fatigué.

Mal moulu. Se dit des fumées de jeune cerf mal digérées.

Mal semé. Bois de cerf, de daim et de chevreuil dont chaque perche n'est par garnie d'un nombre égal d'andouillers.

Mangeures. Un sanglier ne viande pas, il fait ses mangeures. *Id.* pour le loup.

Marcassin. Nom du petit sanglier jusqu'à six mois.

Marche du loup. Synonyme de voie ou piste de loup. On dit qu'un cerf marche bien lorsque l'empreinte de son pied de derrière recouvre le talon de son pied de devant.

Martre. (*Voy.* la Vénerie en miniature.)

Martelées. Se dit des fumées des bêtes fauves qui, n'ayant pas d'aiguillon, semblent faites à coups de marteau.

Massacre. Tête séparée du corps. Cette expression s'applique seulement au fauve.

Mâtin. Race de chiens de force. On entretenait autrefois une harde de cette espèce dans les grands équipages.

Méjuger (se). Par rapport à l'animal, c'est avoir des allures mal réglées. Par rapport au chasseur, c'est porter un faux jugement sur les connaissances de l'animal.

Menteur. Se dit d'un chien courant qui crie à faux.

Menus droits. Morceaux de choix du cerf, tels que la langue, les petits filets (levés en dedans des cuisses et des reins).

Merrain. Perche qui supporte les andouillers.

Mettre bas. Se dit également des animaux qui font leurs petits et de ceux qui mettent bas leurs bois.

Mettre sur pied. Lancer un animal.

Meule. Bosse qui précède la ramure des cerfs, daims et chevreuils.

Meute. Réunion de plusieurs chiens courants.

Miré. Sanglier âgé de cinq ans et au delà.

Molettes. Tendons des épaules et des cuisses du cerf.

Moquettes. Fumées du chevreuil.

Mots. Sonner un mot, c'est ne donner avec la trompe qu'un seul ton, un peu allongé (appel).

Mouée. Soupe des chiens.

Mue. Se dit également des animaux qui mettent bas leurs bois et de ceux qui perdent leur poil.

Muet. Se dit d'un chien courant qui chasse sans donner de voix.

Mufle. Bout du nez des bêtes fauves.

Mulet. Nom donné au cerf qui, ayant mis bas, n'a pas encore refait sa tête.

Muloter. Se dit d'un sanglier qui fouille les trous des mulots pour dévorer leurs petites réserves de grains.

Muser. Un cerf muse lorsque à l'époque du rut il met le nez à terre pour chercher la voie des biches.

N

Nappe. Peau du cerf.

Nasiller. Action du sanglier qui fouille la boue avec son nez.

Nerf de cerf. Partie sexuelle de l'animal.

Nez. On dit d'un chien courant qu'il est de haut nez lorsqu'il chasse également bien par la chaleur et la sécheresse.

Noix de cerf. Morceau de choix levé de l'épaule.

Nouées. Fumées sans aiguillon.

Nuit. Route suivie par les animaux durant la nuit. On dit : Cet animal a fait sa nuit dans tel pays... Défaire la nuit d'un animal, c'est le suivre partout où il a passé et finir par le rencontrer.

O

Observer. Se dit d'un animal qu'on a rembuché et que l'on surveille d'un carrefour, de crainte qu'il ne vide l'enceinte.

Ongles. Griffes des animaux. Toutefois, on dit : les ongles d'un chien.

Os. Ergots de cerf, daim et chevreuil. Ces os sont placés au-dessus du talon et dans la même direction.

Outrepasser. S'emporter au delà de la voie.

Ouvertes. Se dit des têtes et des pinces des animaux.

P

Pain salé. Pâte composée d'argile et de sel qu'on expose dans les parcs pour entretenir le fauve en bonne santé. Ces animaux, très-friands de sel, lèchent ce pain avec avidité.

Panier à gibier. Sorte de caisse servant à transporter vivants les grands animaux.

Panneau. Filet en toile ou en fil que l'on tend dans les bois et les plaines pour prendre le gibier. Panneauter, c'est tendre des panneaux.

Paramont. Sommet de la tête du cerf.

Pantière. Piège en filet.

Parchasser. C'est chasser un animal qui a plusieurs heures d'avance sur les chiens.

Paré. Se dit d'un animal qui a le pied plus usé que ne le comporte son âge.

Parler. On dit parler aux chiens.

Passe. Terme dont on se sert pour exprimer qu'on voit le cerf... Passe le cerf.

Patte. Pied du loup et du renard.

Paumure. Sommet de la tête du cerf.

Pavillon. Ouverture d'une trompe de chasse. Le pavillon est placé à l'opposé de l'embouchure.

Pays. Au lieu de dire de grands bois, on dit de grands pays.

Pelage. Couleur principale, abstraction faite de toutes les nuances. Se dit des animaux à poil.

Percer. On dit d'un animal qui se forlonge qu'il perce et tire de long.

Perlures. Petites protubérances que l'on remarque le long du merrain et des andouillers de la tête des cerfs, daims et chevreuils.

Peser. Exprime la profondeur des traces laissées sur la terre par les animaux.

Pièce de gibier. Se dit du menu gibier à poil ou à plume.

Pied. Entre les mêmes espèces d'animaux, la trace du pied présente des particularités dignes de l'attention des chasseurs : ainsi, les animaux qui habitent les bois humides ont le pied creux (pied de gondole), c'est-à-dire que la sole s'amoindrit, tandis que les côtés restent tranchants. Ceux qui hantent les bois rocailleux ont, au contraire, les côtés usés. On dit : la patte du loup et le pied du chien.

Piège. On nomme ainsi tout artifice auquel on a recours pour prendre les animaux.

Pierrures. Couronne granulée en forme de petites pierres qui entoure les meules de la tête du fauve.

Pigache. Se dit d'un sanglier qui a une des pinces du pied plus longue que l'autre.

Pince. Bout du pied des cerfs, daims, chevreuils et sangliers.

Piquer à la queue des chiens... C'est les suivre de près.

Piqueur. Nom du veneur qui appuie les chiens et dirige la chasse. On dit : Faire le métier de piqueur.

Piste. Synonyme de voie, selon l'animal ou le gibier.

Plate-longe. Longe de cuir qui sert à attacher les chiens courants et à les retenir à la harde.

Plateaux. Fumées plates et rondes des bêtes fauves. On dit : Fumées en plateaux.

Pointe. Un animal qui perce droit devant lui fait une pointe.

Porchaison. Sanglier dans le meilleur état pour être tué.

Portée. Exprime l'endroit le plus élevé auquel un animal, en passant dans le taillis, peut toucher de son corps. On dit : la portée d'un fusil. Portée exprime aussi la totalité des petits qu'une bête a mis bas.

Porter. La tête d'un cerf porte un certain nombre d'andouillers. Porter le trait se dit du limier.

Portière. Lice portière. Chienne dont on tire des élèves.

Pourchasser. Suivre le gibier avec persistance.

Puantes (bêtes). Désignation des renards, blaireaux, putois, fouines, etc.

Putois. Petit quadrupède carnassier de la famille des martres. (*Voy.* la Vénerie en miniature.)

Q

Quartan ou Quartanier. Sanglier de quatre ans révolus.

Quatrième tête. Cerf ou daim de cinq ans.

Quête. Action de détourner un animal, par rapport au chasseur, et aussi celle d'un chien qui cherche le gibier. C'est encore une expression de lieu. On dit : La quête de tel ou tel valet de limier. Quêter, c'est chercher une voie d'animal.

R

Rabattre. Un limier se rabat lorsque, rencontrant la voie, il tire sur le trait pour la suivre. Se dit également des traqueurs qui foulent une partie de bois dans la direction des tireurs.

Rabouillère. Trace que la lapine creuse à proximité de son terrier pour y déposer ses petits.

Raccourcir. C'est enlever les chiens et les conduire en droite ligne sur l'animal dont on a eu connaissance, au lieu de suivre la voie. On raccourcit encore un animal en le blessant.

Raccoupler. C'est remettre les chiens en laisse ou couple.

Ragot. Sanglier âgé de moins de trois ans, mais séparé néanmoins des compagnies.

Raire. Cri du cerf pendant le rut.

Rallier. C'est enlever les chiens d'une mauvaise voie pour les remettre dans la bonne. Les bons chiens rallient d'eux-mêmes.

Rameuter. C'est l'action d'arrêter les chiens qui vont trop vite et de les forcer d'attendre le reste de la meute.

Ramure. Ensemble de la tête des cerfs, daims et chevreuils.

Randonnée. Circuit que fait un animal dans un même lieu.

Rapport. Compte-rendu de la quête d'un garde fait par lui-même.

Rapprocher. C'est diminuer la distance qui sépare le chasseur de l'animal qu'il quête. On dit : Voilà un beau rapproché, pour exprimer le travail des chiens ; on dit encore : Ce chien est un bon rapprocheur.

Raser. Se dit d'un animal qui se couche pour se cacher.

Ravaler. Un cerf se ravale quand sa tête se pare de bois irréguliers. Quand les os de la jambe sont mal tournés, on dit encore : Il a la jambe ravalée, mais c'est moins usité.

Rayer la voie. Faire une raie sur la terre avec le bout du soulier. On raie le cerf derrière le talon et la biche devant les pinces.

Rebattre. Se dit d'une bête chassée qui repasse sur ses voies.

Recéler. Un animal se recèle lorsqu'il se cantonne dans une enceinte ou dans un fort.

Rechasser. C'est l'action de faire rentrer en forêt les bêtes qui en sortent.

Réclamer les chiens. C'est sonner la retraite.

Récrier (se). Lorsque après avoir chassé timidement les chiens rapprochent l'animal et trouvent une voie plus fraîche, ils se récrient en donnant plus de voix.

Redresser la voie. C'est relever un défaut.

Refaire sa tête. Action du cerf, daim ou chevreuil qui, ayant perdu ses bois, se retire dans un buisson écarté pour refaire sa tête.

Refuite. Chemin qu'une bête a l'habitude de prendre lorsqu'on la chasse. On surveille les refuites.

Régalis. Endroit où le chevreuil a gratté la terre avec ses pieds.

Relais. Harde (de chiens) placée dans différents endroits du bois et découplée sur le passage de l'animal. (*Voy.* le chapitre relais.)

Relaisser. Un lièvre se relaisse lorsque après avoir été longtemps chassé il se rase pour laisser passer les chiens.

Relancer. Retrouver la bête de meute, perdue à la suite d'un défaut, c'est la relancer.

Relevé d'une bête. Se dit du fauve qui quitte son fort le soir pour aller au gagnage.

Rembuchement (faire un). C'est l'action de rembucher un animal à l'aide du limier. On dit encore : Le cerf s'est rembuché pour faire comprendre qu'on l'a vu rentrer dans son fort.

Renard. (*Voy.* le chapitre du renard.) Quadrupède de la famille des chiens ; la femelle se nomme renarde et les petits se nomment renardeaux.

Rencontrer. Se dit également d'un chien d'arrêt et d'un chien courant qui rencontrent la voie suivie par le gibier.

Rendre. Une bête se rend lorsqu'elle est sur ses fins.

Rentrée. Retour des animaux qui ont quitté leur fort pour aller faire leur nuit au dehors.

Repaire. Crottes des lièvres et lapins.

Reposée. Lieu écarté où les bêtes fauves se reposent pendant le jour.

Reprendre ses voies. Se dit du chasseur qui revient à sa dernière brisée.

Requérant. Se dit d'un chien qui requête de lui-même.

Requête. Nouvelle quête, à laquelle on a recours dans un défaut.

Ressui. Un cerf, mouillé par la rosée du matin, se met au ressui au soleil pour se sécher avant de rentrer dans son fort.

Retiré ou Retrait. Se dit d'un cerf sur ses fins, qui porte sur son corps les traces de son état désespéré.

Retour. L'animal qui rebat ses voies et revient sur lui-même fait un retour.

Retraite, manquée ou prise. Fanfare que l'on sonne à la fin de la chasse pour rallier les chiens.

Revoir. C'est revoir d'un animal par le pied plus encore que par le corps. On dit également : Il fait beau ou mauvais revoir, selon le temps.

Ridées. Les fumées des vieux cerfs sont marquées en général par des raies; de là est venue l'expression.

Rides. Dans l'empreinte que laisse sur la terre la trace d'un sanglier, on remarque entre les gardes et le talon des rides.

Robe. Nuance du poil. On dit : Ce chien a la robe d'un beau blanc.

Roi de la chasse. A la chasse au chien d'arrêt, le chasseur qui a tué le plus de pièces est réputé le roi; mais, à la chasse au chien courant, le succès et la défaite étant collectifs, on ne reconnaît pas de royauté.

Rompre les chiens. C'est les arrêter et leur faire quitter la voie, pour une cause ou pour une autre.

Rougeurs. Suivre aux rougeurs, c'est suivre au sang. Se dit d'un animal blessé.

Routailler. C'est faire chasser par un chien tenu en laisse (au trait) un loup ou un sanglier.

Route. Nom qu'en terme de vénerie on donne à tous les grands chemins.

Ruser. Se dit d'un animal qui cherche à embrouiller ses voies. Le lièvre est celui de tous les animaux qui fait les ruses les mieux ourdies.

Rut. Temps des amours. Le rut des vieux cerfs commence en septembre et dure trois semaines; les jeunes cerfs y entrent un peu plus tard; celui des chevreuils a lieu en octobre et ne dure que quinze jours. A l'égard du sanglier, du loup et du renard, on ne dit pas : Ils entrent en rut, mais en chaleur. On a créé pour le lièvre l'expression plus décente de bouquinage.

<h2 style="text-align:center">S</h2>

Saccade. Pour empêcher un limier de se rabattre sur une mauvaise voie, on lui donne une saccade en retirant brusquement le trait.

Sanglier. Porc sauvage. (*Voy*. le chapitre qui le concerne.)

Seconde vieille meute. Nom donné au premier relais.

Semé. Se dit des andouillers bien ou mal semés.

Semer ses fumées. Se dit d'un cerf qui les jette écartées les unes des autres.

Sentiment. Odeur dont le nez du chien est frappé (odorat).

Sépare. Exprime l'action d'un animal qui cherche par ses bonds à s'isoler de la voie ou à s'éloigner de l'animal dont il s'était accompagné.

Servir la bête. C'est lui donner le coup de grâce.

Six chiens. Dans les grands équipages, le dernier relais est toujours composé de six chiens.

Sole. Le dessous du pied des cerfs, daims et chevreuils, compris entre les pinces et le talon.

Solitaire. Vieux sanglier.

Sonner. On dit également sonner ou donner de la trompe.

Souffler au poil. Se dit d'un chien qui rapproche un animal à le toucher.

Souille. Lieu fangeux où le sanglier se repose.

Suif. Graisse des bêtes fauves.

Suites. Parties sexuelles du sanglier.

Suraller. Se dit de tout chien, limier ou autre, qui rencontre une voie sans en donner connaissance et aussi d'un animal qui revient sur ses voies.

Surandouiller. Le plus grand et le premier des andouillers.

Surneigées. Voies recouvertes de neige.

Surpluées. Voies lavées par la pluie.

T

Taisson. Ancien nom du blaireau.

Talon. C'est le derrière du pied des animaux.

Tayaut. On crie tayaut quand on voit l'animal par corps.

Temps. Une voie est de bon ou de vieux temps.

Tenir aux chiens. Faire tête.

Terrier. Trou creusé par les renards, les blaireaux et les lapins.

Tête. Synonyme de bois. Tête couverte. Se dit du fauve rentré dans son fort.

Tiers-an. Sanglier âgé de trois ans.

Tirasse. Nom d'un filet servant à prendre le gibier à plume.

Tiré. Se dit de l'action de tirer au fusil et du lieu où l'on tire.

Tirer au long ou DE LONG. Un animal qui perce droit devant lui tire au long.

Titre. Emplacement où se tient un relais.

Toiles. On dit prendre les animaux dans des toiles. C'est synonyme de filets.

Tons de chasse. (*Voy.* le chapitre de la trompe.)

Torches. Fumées de cerf à demi formées.

Toucher au bois. Se dit des cerfs, daims et chevreuils qui, pour dépouiller leurs bois de la peau velue qui les recouvre, les frottent contre les branches des arbres. Frayer dit la même chose.

Tout-coi. Commandement prononcé à demi-voix pour forcer le limier à se taire.

Trace. Empreinte du pied d'un animal, mais particulièrement du sanglier et de la loutre.

Trois-quarts. Se dit d'un levraut de six mois.

Traînée. Action de promener une charogne au bout d'une corde pour attirer un animal dans le piège.

Trait. Corde attachée au collier du limier.

Trappe. Sorte de piège.

Tranchants. Se dit des côtés du pied des cerfs, daims et chevreuils : côtés tranchants, non usés.

Tranchée. Ouverture que l'on creuse pour déterrer un animal.

Traque. Synonyme de battue.

Traquenard. Piège mécanique et à ressort.

Travail du sanglier ou Bouris. Endroit où le sanglier a fouillé la terre.

Troches. Fumées d'hiver à demi formées.

Trochures. Andouiller qu'on remarque quelquefois sur la tête des cerfs. C'est par exception un quatrième andouiller, car on n'en compte que trois.

Troisième tête. Cerf de quatre ans.

Trôler. C'est l'action de quêter au hasard.

U

Usé. Pied usé, signe de vieillesse, à moins que l'animal n'habite un terrain rocailleux.

V

Vaines. Se dit des fumées légères.

Valet de limier. Nom de l'homme qui a pour mission de détourner les animaux.

Valet de chiens. Celui qui les soigne et conduit les relais.

Valoir le change. C'est prendre le change. Se dit des chiens.

Vau-vent. C'est marcher en ayant le vent par derrière.

Vautrait. Nom de l'équipage du sanglier.

Vla-au ou Vloo. Cri pour annoncer qu'on voit l'animal par corps ; s'applique plus particulièrement au sanglier, au loup, au renard et au blaireau.

Venaison. Nom collectif donné à la chair du cerf, du daim et du chevreuil.

Vénerie. Science de la chasse à courre. Exprime également le personnel et le matériel de l'équipage.

Veneur. Nom de celui qui conduit la chasse.

Vent. Direction du vent; avoir le vent bon, avoir le vent, le sentiment de la bête.

Vermiller ou Vermillonner. Se dit du sanglier alors qu'il fouille la terre en zigzag pour chercher des vers.

Viander. Le fauve viande et ne broute pas.

Viandis. Pâturage des cerfs, daims et chevreuils.

Vider. Les chiens qui font leurs ordures se vident.

Vieille meute. Corps de meute à l'aide duquel on lance l'animal de chasse.

Vieux loup. Loup âgé de plus de deux ans.

Voie. Se dit de l'empreinte du pied d'un animal et des émanations qu'il laisse après lui.

Volcelest. Cri particulier que poussent les chasseurs quand ils aperçoivent l'animal... Il y a une fanfare de ce nom.

Vue. Quand on aperçoit l'animal par corps on sonne la vue; à défaut de trompe, on crie tayaut ou vla-au, selon l'animal.

TABLE DES MATIÈRES

Le 30 aout 1930
Daupeley-Gouverneur a achevé
d'imprimer a Nogent-le-Rotrou
cette nouvelle édition de la
Petite Vénerie d'Adolphe d'Houdetot
a mille cinquante
exemplaires numérotés
dont cinquante sur vélin Lafuma
numérotés de 1 a 50
et mille sur alfa satiné
numérotés de 31 a 1050